乡村振兴战略

浙江省农民教育培训丛书

柑橘

Citrus

浙江省农业农村厅 编

中国农业科学技术出版社

图书在版编目（CIP）数据

柑橘/浙江省农业农村厅编．—北京：中国农业科学技术出版社，2019.12

（乡村振兴战略·浙江省农民教育培训丛书）

ISBN 978-7-5116-3975-2

Ⅰ.①柑… Ⅱ.①浙… Ⅲ.①柑桔类－果树园艺 Ⅳ.①S666

中国版本图书馆CIP数据核字（2019）第278980号

出版总监 冯智慧

总 策 划 胡晓东
策　　划 张　真　黄新灿　鲍迪富　魏莹娜
总 编 撰 浙江智慧书社农业创作出版中心

责任编辑 闫庆健　王思文　马维玲
责任校对 马广洋
出 版 者 中国农业科学技术出版社
北京市中关村南大街12号　邮编：100081
电　　话 (010) 82106625（编辑室）(010) 82109704（发行部）
传　　真 (010) 82106625
网　　址 http://www.castp.cn
经 销 者 各地新华书店
印 刷 者 浙江全能工艺美术印刷有限公司
开　　本 787mm×1092mm　1/16
印　　张 11.5
字　　数 195千字
版　　次 2019年12月第1版　2019年12月第1次印刷
定　　价 49.00元

乡村振兴战略·浙江省农民教育培训丛书

本书编写人员

主　编　徐建国

副主编　陈国庆　方修贵　柯甫志　王　鹏
高洪勤　程慧林

编　撰　（按姓氏笔画排序）
王　平　王　鹏　方修贵　刘春荣
吴韶辉　吴宝玉　张　林　陈青英
陈国庆　金国强　周晓音　胡　丹
柯甫志　聂振朋　徐　阳　徐建国
高洪勤　黄茜斌　黄振东　鹿连明
温明霞

地址　杭州市秋涛北路83号新城市广场B座21层
邮编　310020　电话　0571-86434728

序

习近平总书记指出:“乡村振兴，人才是关键。”

广大农民朋友是乡村振兴的主力军，扶持农民，培育农民，造就千千万万的爱农业、懂技术、善经营的高素质农民，对于全面实施乡村振兴战略，高质量推进农业农村现代化建设至为关键。

近年来，浙江省农业农村厅认真贯彻落实习总书记和中央、省委、省政府“三农”工作决策部署，深入实施“千万农民素质提升工程”，深挖农村人力资本的源头活水，着力疏浚知识科技下乡的河道沟渠，培育了一大批扎根农村创业创新的“乡村工匠”，为浙江高效生态农业发展和美丽乡村建设持续走在全国前列提供了有力支撑。

实施乡村振兴战略，农民的主体地位更加凸显，加快培育和提高农民素质的任务更为紧迫，更需要我们倍加努力。

做好农民培训，要有好教材。

浙江省农业农村厅总结近年来农民教育培训的宝贵经验，组织省内行业专家和权威人士编撰了《乡村振兴战略·浙江省农民教育培训丛书》，以浙江农业主导产业中特色农产品的种养加技术、先进农业机械装备及现代农业经营管理等内容为

主，独立成册，具有很强的权威性、针对性、实用性。

丛书的出版，必将有助于提升浙江农民教育培训的效果和质量，更好地推进现代科技进乡村，更好地推进乡村人才培养，更好地为全面振兴乡村夯实基础。

感谢各位专家的辛勤劳动。

特为序。

浙江省农业农村厅厅长 林健东

内容提要

为了进一步提高广大农民自我发展能力和科技文化综合素质，造就一批爱农业、懂技术、善经营的高素质农民，我们根据浙江省农业生产和农村发展需要及农村季节特点，组织省内行业首席专家和行业权威人士编写了《乡村振兴战略·浙江省农民教育培训丛书》。

《柑橘》是《乡村振兴战略·浙江省农民教育培训丛书》中的一个分册，全书共分五章。第一章生产概况，主要介绍柑橘起源与分布和浙江柑橘现状；第二章效益分析，主要介绍柑橘营养价值及食疗作用、社会及生态效益和市场前景及风险防范；第三章关键技术，着重介绍柑橘主要品种、栽植管理、土壤管理、肥水管理、树体保护、病虫害防控、贮藏运输、产品加工和废弃物资源化利用；第四章食用方法，主要介绍柑橘鲜食和家庭常用加工方法；第五章典型实例，主要介绍台州市黄岩蔡家洋本地早专业合作社、衢州市柯城区柴家柑橘专业合作社等十一个省内农业企业及农民专业合作社从事柑橘生产经营的实践经验。

《柑橘》一书，内容广泛、技术先进、文字简练、图文并茂、通俗易懂、编排新颖，可供广大农业企业种植基地管理人员、农民专业合作社社员、家庭农场成员和农村种植大户学习阅读，也可作为农业生产技术人员和农业推广管理人员技术辅导参考用书。

由于编者水平所限，书中难免有不妥之处，敬请广大读者提出宝贵意见，以便进一步修订和完善。

目录 Contents

第一章　生产概况

柑橘是柑、橘、橙、柚、柠檬、金橘、枳等的总称，是世界第一大水果，也是中国的第一大水果。中国是柑橘的重要原产地之一，种质资源丰富，优良品种繁多，有4 000多年的栽培历史，经过长期栽培、选择，柑橘成了人类的珍贵果品。

一、起源与分布

柑橘类水果品种多样，甜酸适口，营养丰富，在嫁接繁殖应用之前，因多胚性，使得果实品质一致性好，与桃、梨等水果相比，实生后代的品质更为可控。与水稻等作物相比，在社会经济发展平稳及富裕的年代，更为消费者所青睐，收益更高；比之蚕桑，管理更为容易；与枇杷、杨梅等水果比较，果实耐贮运、生态适应性广，减轻了自然风险与市场风险。

中国是柑橘类果树的重要原产地之一，《禹贡》是我国记载柑橘最早的古籍，4 000多年前的夏朝，我国的江苏、浙江、安徽等地生产的柑橘，已列为岁贡之物。在记载公元前2000—前1000年我国古代地理、历史和神话传说的《山海经》中，提到了湖南、湖北出产橘柚。到了秦汉时代，柑橘生产得到进一步发展，《史记·苏秦列传》(西汉司马迁著)记载:“齐必致鱼盐之海，楚必致橘柚之园”，说明楚地(湖北、湖南等地)的柑橘已成为当地的主要物产；爱国诗人屈原写下了《九章·橘颂》名篇，开歌颂柑橘之滥觞，成为我国第一首咏物诗。自此以后，柑橘就被作为高雅之象征，在历代诗词歌赋中成为歌咏对象。

我国的云贵高原是世界上重要的柑橘起源中心，也是古人类起源与繁衍的重要地区。柑橘的分布与现代人的初始活动区域重叠，与其他水果一道，柑橘是现代人进化过程中绝大多数时间最主要的食物来源。从基因组进化分析可知，柑橘和草莓、可可、葡萄在同源区域进化，诞生于约8 500万年前的晚白垩纪。橘、柚、枸橼这3个柑橘基本种，分别沿北线(长江流域，橘类为主)和南线(西江流域，橘类、柚类为主）由西向东传播，通过属间、种间、杂种间的多次杂交，形成了丰富多彩的品种类型。经过我国人民的长期栽培、选择，柑橘成了人类的珍贵果品。15世纪，葡萄牙人把中国甜橙带到地中海沿岸栽培。后来，甜橙又传到拉丁美洲和美国。1821年，英国人来中国采集标本，把金柑带到了欧洲；1892年，美国从中国引进椪柑，叫“中国蜜橘”。温州蜜柑是明代日本留学僧智惠来浙江省天台山进香，带回柑橘种子在日本栽植，变异而来。

柑橘栽培遍及五大洲，主要分布在南北纬度35°以内的区域。世界有135个国家生产柑橘，以中国、巴西、印度、墨西哥、美国、西班牙、埃及、土耳其、尼日利亚、伊朗、阿根廷、意大利、巴基斯坦、南非、印度尼西亚的栽培面积和产量居多。

我国是世界第一大柑橘生产国，柑橘产地分布在北纬16°~33°，南起海南省三亚市，北至陕西省汉中市，东起我国台湾省，西至西藏自治区的雅鲁藏布江河谷的广阔地区。全国生产柑橘包括台湾省在内有19个省（自治区、直辖市），其中主产柑橘的有浙江、福建、湖南、四川、广西壮族自治区（全书简称广西）、湖北、广东、江西、重庆等9个省（自治区、直辖市），其次是贵州、云南、台湾、陕西、上

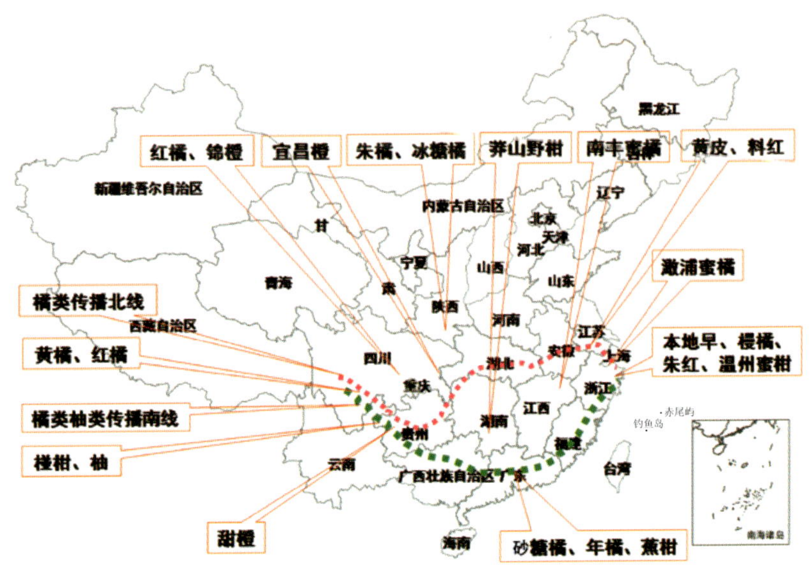

中国柑橘传播与繁衍示意图

海、江苏等省（市），河南、海南、安徽和甘肃等省也有种植。全国种植柑橘的县（市、区）有985个。

近些年来，国内柑橘市场发生了明显的变化，表现为橘、橙、柚三分天下，杂柑类异军突起，品种渐趋多样化，优良新品种层出不穷。柑橘大发展的战略机遇期已经结束，10月至翌年3月是我国柑橘上市最集中的阶段，随着晚熟柑橘栽培面积的快速增长，2—5月的市场空档期日益变窄，以量产取胜的阶段渐行渐远。中西部柑橘产区迅速崛起，东部稳中渐降。广西、云南柑橘发展迅速，以沃柑、砂糖橘及杂柑为主，四川成为我国杂柑第一大省，以春见、大雅、不知火、沃柑、血橙等为主。规模栽培在中西部蓬勃兴起，动辄数千亩的柑橘园随处可见，对松散的小农经营带来极大的冲击，云南的褚橙集团、山西的海升集团等在积极扩张，发展柑橘面积均以数万亩计。

云南玉溪红河的特早温州蜜柑、广西云南的沃柑等晚熟柑橘、四川安岳重庆潼南云南瑞丽的柠檬、福建平和的琯溪蜜柚、江西赣南的脐橙等产区区域化特征渐趋明显，避雨、保温、加温等栽培设施化趋势逐渐普遍化，肥水一体化、果园机械、采后处理设备、智慧农业等省力化技术的不断采用，果园土壤改良、无病毒容器苗、大苗定植、树形改良等的早期成园技术得到应用，电商、微商、农旅结合等表现为销售业态新颖化、产业功能多元化。优新品种、反季节生产、高品质果实、功能拓展，加上适当的营销（品牌），仍是柑橘效益生产的主要途径。

二、浙江柑橘现状

浙江省是我国柑橘栽培的古老产区，栽培历史悠久，品种多样，栽培精细，是宽皮柑橘栽培的适宜区域，是我国主要柑橘产区，被农业部列入浙、闽、粤柑橘优势产业带，也是浙江省第一大水果。浙江省柑橘栽培在最近的40余年间，前20年栽培面积和生产量快速增长，分别达到213万亩（1亩≈667平方米，15亩=1公顷。全书同）、240多万吨，而最近20年来，二三产业发展，柑橘栽培的比较效益下降，栽培面积趋于减少，生产量稳定在180万~190万吨间。据统计，2018年全省共有柑橘面积132万亩，年产量184万吨，产值60多亿元，带动了水果加工、运输、贸易等相关产业的发展。主要分布在台

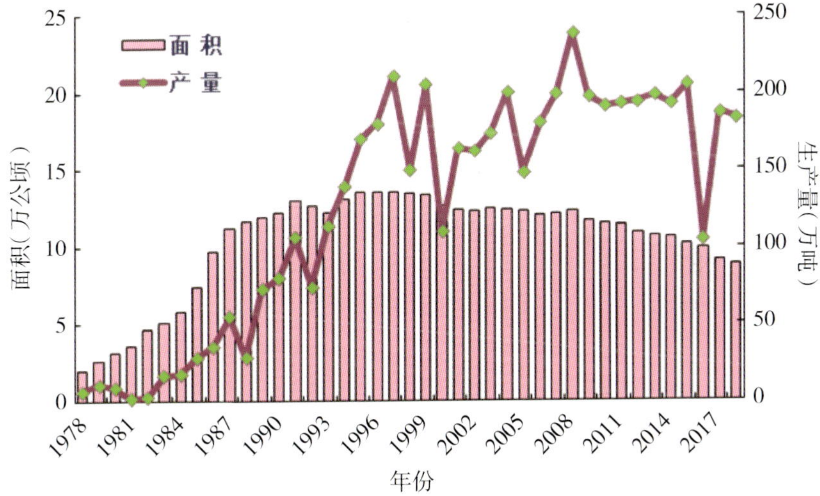

州、衢州、宁波、丽水、杭州、温州、金华地区，以栽培面积计，栽培最多的县市区依次为临海、常山、衢江、柯城、象山、淳安、黄岩、三门、莲都、龙游。栽培面积在万亩以上的县市区有27个，形成了以温州蜜柑、柚类与杂柑栽培为主的浙东南沿海柑橘产业带和以椪柑、杂柑为主的浙西南丘陵柑橘产业带。

柑橘在浙江既有着悠久的栽培历史，同时也拥有丰富的种质资源，多种类型的柑橘品种广泛分布于各柑橘产区。从品种构成看，

温州蜜柑是浙江省柑橘的最主要品种类群，占全省柑橘栽培面积的50%许，第二大品种椪柑占20%，杂柑类的常山胡柚、红美人等占到15%以上，玉环文旦、四季柚、早香柚、皋泄香柚等亦有5%左右，显现了较强的市场竞争优势。

温州蜜柑是世界上栽培最多的柑橘类品种，不同熟期的品种品系多，选择余地大，生态适应性较好，花期幼果期对异常高温比较敏感，易致落花落果，果实膨大期在7—9月，要求有水分供应。台州、宁波、丽水、衢州、杭州、温州各地都有优质温州蜜柑的果园。椪柑是世界上三大宽皮柑橘品种之一，也是许多优新品种的重要亲本。除了果实发育的有效积温不够外，耐高温，适合浙西南地区的生态环境。近年来，受砂糖橘、南丰蜜橘、沃柑等冲击，原有的耐贮藏优势丧失，价格波动较大。

近些年来，红美人柑橘、鸡尾葡萄柚、由良温州蜜柑、早玉文旦等优新品种持续保持良好的发展势头。2018年全省新增柑橘面积4.8万亩，占全省新发展果园总面积的37.1%，比上年增18.2%，发展区域遍及全省各地，衢州、台州、宁波继续走在前列，湖州、嘉兴等新区也对红美人柑橘、鸡尾葡萄柚等的种植表现出较高的热情。从2017—2019年的两年间，全省红美人柑橘栽培面积从2万亩增加到2019年的7万余亩，产量由3 000吨增加到1.5万吨，鸡尾葡萄柚增至6 000余亩，由良特早熟温州蜜柑逾8 000亩。柑橘得到继续发展的主要原因，一是受到红美人柑橘、特早熟温州蜜柑、鸡尾葡萄柚等新优品种市场价格刺激，二是与其他果树相比，柑橘用工、农资投入相对较少，管理技术比较成熟，三是柑橘品质较好，耐储运，市场优势明显。

随着柑橘类果品市场竞争的日益激烈化，浙江省柑橘产业未雨绸缪，积极调整柑橘品种结构，适应优质化、多样化等的消费升级需求。目前浙江省柑橘类水果，从9月中旬的大分、日南1号、上野、由良等特早熟温州蜜柑、早玉文旦，10月中下旬的宫川、兴津等早熟温州蜜柑、早香柚、玉环柚，11—12月的红美人柑橘、椪柑、四季柚，以及胡柚、甜橘柚等，加上留树挂果保鲜和采后贮藏，形成了长达7个半月的成熟采收上市链。全省柑橘品种以鲜食为主，用于加工的柑橘约占总量的15%左右。

浙江省的柑橘果品商品化处理有了长足的进步，在全面推广柑橘选果机的基础上，代表当前采后分级技术最高水平的内部品质无损检测分级设备陆续在浙江省台州、宁波、衢州等柑橘主产区应用，大大提高了产品的商品一致性。全省有从事柑橘加工企业10余家，柑橘加工量约30万吨，出口20多万吨。橘瓣罐头出口对象国主要有美国、日本、欧盟等多个国家（地区）。加工产品除柑橘罐头外，还有果汁、果酒、糖水罐头、蜜饯等产品。

第二章　效益分析

柑橘除具有较高的营养价值外，橘肉、皮、络、核都是药，具有顺气、止咳、健胃、化痰、消肿、止痛、疏肝理气等多种功效。当前，优质果率低、隔年结果等问题已成为制约浙江省柑橘业生产持续、稳步、健康发展的主要矛盾，虽然浙江柑橘市场的销售渠道较广阔与消费者的购买力较强，但随着市场竞争进一步激烈化，种植者须谨慎对待。

一、营养价值及食疗作用

（一）营养价值

柑橘类水果主要为芸香科柑橘属、金柑属的常绿植物，其种类繁多，色、香、味兼备，甜酸多汁，清香爽口，风味醇厚，果实中除了含有热量的糖分以外，还含有丰富的维生素、矿物质、膳食纤维，以及具有生物体调节功能的类胡萝卜素、黄酮类化合物等植物性二次代谢产物，其果肉、皮、核、络均可入药，具有较高的药用和保健价值（表2-1、表2-2、表2-3）。

表2-1　柑橘的营养成分含量（100克可食部分计）

食品名	热量（千卡）	水分（克）	蛋白质（克）	脂质（克）	膳食纤维（克）	碳水化合物（克）	维生素C（毫克）
甜橙	47	87.4	0.8	0.2	0.6	10.5	33
蜜橘	42	88.2	0.8	0.4	1.4	8.9	19
金柑	55	84.7	1.0	0.2	1.4	12.3	35
柠檬汁	26	93.1	0.9	0.2	0.3	5.2	24

表2-2　柑橘果实营养成分含量（每100克可食部分平均值）

成分名称	含量	成分名称	含量	成分名称	含量
热量	51千焦	硫胺素	0.08毫克	钙	35毫克
蛋白质	0.7克	核黄素	0.04毫克	镁	11毫克
脂肪	0.2克	烟酸	0.4毫克	铁	0.2毫克
总糖	11.5克	维生素C	28毫克	锰	0.14毫克
膳食纤维	0.4克	维生素E	0.92毫克	锌	0.08毫克
柠檬酸	0.7毫克	维生素A	148微克	铜	0.04毫克
类胡萝卜素	890微克	钾	154毫克	磷	18毫克
视黄醇	86.9微克	钠	1.4毫克	硒	0.3微克

表2–3 柑橘果肉中各类氨基酸成分含量（单位：毫克/100克）

成分名称	含量	成分名称	含量	成分名称	含量
异亮氨酸	15	亮氨酸	23	赖氨酸	24
含硫氨基酸（T）	12	甲硫氨酸	5	半胱氨酸	7
芳香族氨基酸（T）	27	苯丙氨酸	15	酪氨酸	12
苏氨酸	13	色氨酸	2	缬氨酸	18
精氨酸	58	组氨酸	8	丙氨酸	20
天冬氨酸	79	谷氨酸	44	甘氨酸	16
脯氨酸	82	丝氨酸	20		

柑橘味道酸甜可口，是一种美味的水果，也是很受欢迎的一种水果。因为吃柑橘的好处很多：一是柑橘含有丰富的维生素C，具有美容的作用和降低血脂和胆固醇的功效；二是橘子含有柠檬酸，有消除疲劳的作用；三是柑橘最主要的功能就是治疗肠胃问题，可以调和肠胃、能刺激肠胃蠕动、帮助排气，还能镇定消化道，增加胃口、刺激食欲；四是虽然柑橘跟所有柑橘属精油一样有光敏性，但柑橘对疤痕跟妊娠纹颇具效果，尤其在怀孕初期就开始与同属其他精油一起用，效果更加显著。

柑橘的果肉还是轻工业的重要原料，可加工成罐头、蜜饯、果酱、果糕、果冻、果糖，还可以制成果汁、果酒等饮料。加工过程中，可提取果胶、柠檬酸、橙皮苷、柚皮苷、柠檬苦素、香精油，橘皮可作为提取维生素A、维生素P、维生素C的原料。

（二）食疗作用

柑橘可谓全身都是宝，橘肉、皮、络、核都是药，具有顺气、止咳、健胃、化痰、消肿、止痛、疏肝理气等多种功效。从柑橘果实中（幼果、果皮、果汁、种子）提取分离具药理作用的活性物质，在国内外受到关注。研究表明，柑橘类植物中含有的类胡萝卜素、黄酮类化合物及柠檬苦素类具有一定的抗痛作用，番茄红素、柚皮素、柠檬苦素、香豆素等活性物质具有抗癌作用。温州蜜柑对人体的保健作用见表2–4。

表2-4 温州蜜柑对人体的保健作用

保健作用	成 分
致癌抑制	β-隐黄质，橙皮油素，烯，诺米林，维生素C
抗衰老	维生素A，维生素C，维生素E，β-胡萝卜素，橙皮苷，柚皮苷，矿物质
预防感冒	脱氧肾上腺素，维生素C，维生素A，类黄酮
调整消化机能	果胶，膳食纤维
控制高血压	钾
美容护肤	维生素C，柠檬酸，果胶
安神	萜类化合物（香气成分）
预防中风	橙皮苷
防止坏血病	维生素C，橙皮苷
促进钙吸收	柠檬酸

1. 橘肉

新鲜柑橘的果肉中含有丰富的维生素C，可提高机体的免疫力，还能降低患心血管疾病、肥胖症和糖尿病的发生几率。橘肉榨取的鲜汁中，有一种抗癌活性很强的物质"诺米林"，能使致癌化学物质分解，抑制和阻断癌细胞的生长，能使人体内除毒酶的活性成倍提高，阻止致癌物对细胞核的损伤，保护基因的完好。

2. 橘皮

橘子皮，又称陈皮，是重要药物之一。医学认为，陈皮性味辛、

苦、温，具有理气健胃、燥湿化痰之功。因此，陈皮在中医临床调理脾胃或在配制中成药中被广泛应用。橘皮中所含挥发油能增强心脏的收缩力，但大剂量则有抑制作用；能扩张冠状动脉，可增加冠状动脉血流量的作用；能降低毛细血管通透性，具有维生素P的作用；能扩张支气管，具有平喘作用；有刺激性，能促使消化液分泌与排除肠内积气。

3. 橘络

橘瓤上面的白色网状丝络，叫“橘络”，内含一种名为芦丁的维生素，能使人的血管保持正常的弹性与密度；减少血管壁脆性和渗透性，防止毛细血管渗血；预防高血压患者发生脑出血、糖尿病病人发生视网膜出血；凡平时有出血倾向的人，尤其是有动脉血管硬化的中老年人，食用橘络更有裨益。

4. 橘核

橘核性味苦、无毒，有理气止痛的作用，可以用来治疗疝气、腰痛等症。

二、社会及生态效益

（一）社会效益

柑橘是世界上重要的农产品之一，生产量超过葡萄和香蕉而成为水果之首，是仅次于小麦和玉米的第三大国际贸易农产品。柑橘的生产和出口是许多国家的重要收入来源，同时柑橘也是人们价格低廉的维生素来源，有益于营养、健康和食品安全。

我国柑橘栽培面积和产量数十年来持续增长，其中20世纪80年代以后增长最为迅速，鲜柑橘消费的迅速增长与产量增长相一致。90年代末期开始，优质优价使得柑橘优质果栽培技术开始受到关注，栽培技术的集成度有了明显提高，优质高效新技术推广步伐加快，水果的外观与内在质量均有明显的提高，柑橘贮藏保鲜及采后商品化处理程度提高，开始了由传统农业向现代农业的转变。部分柑橘栽培产地，开始发展完熟、设施、品牌、无公害、绿色等“特殊栽培、特别风味”的柑橘生产，并逐渐朝着追求产品个性化的特质阶段转变。果品的市场价格受到果品的品质优劣、品牌知名度、供求关系、物价指数、果品价格行情等因素的影响，其中优质知名品牌的果品表现价高俏销。柑橘的良种、优质、安全、反季节生产及品牌经营已成为提高生产效益的重要基础。

（二）生态效益

柑橘是常绿小乔木，树姿优美，其树形多自然圆头形、圆锥形，枝叶茂盛，花器芳香，果实鲜丽，是一种很好的庭园观赏植物。一般春季开花，秋冬果实成熟。有些品种还有四季开花或连续几次开花（如金柑），具花果同树、大小果实并存，陆续成熟的习性；有些种类（如枳）还常用作绿篱或作防护林利用。

柑橘适应性强，除耐寒性稍弱外，对土壤的适应性广，可以充分利用山地、丘陵、水田、海涂以及宅旁隙地，因地制宜地发展柑橘生产，绿化荒山荒地，治理水土流失，对提高森林覆盖率、绿地率，改善生态环境，促进生态平衡均有积极意义。

三、市场前景及风险防范

（一）市场前景

改革开放以来，我国的柑橘面积、产量持续不断增加。2018年，全国柑橘栽培面积逾3 900万亩，年产量3 800万吨，表现为季节性滞销越来越激烈，季节性短缺口子在收窄，2—5月的晚熟柑橘数量急增，价格回落，直接影响到浙江省的椪柑、胡柚及中晚熟杂柑类的销售。浙江省柑橘产销情况为普通橘果销售价格低迷，红美人、鸡尾葡萄柚、由良温州蜜柑等优新品种继续看好，但也显露出价格分离，有品牌的优质果（糖度13%以上）红美人继续售价坚挺，鸡尾葡萄柚、甜橘柚售价平稳。2017—2018年度柑橘总体价格下跌的原因。除了有部分果农对市场的了解不够，受上一年春节后有价上扬影响而惜售，错过最佳上市时机，后又造成恐慌性抛售，集中上市，柑橘大量滞销，遭遇果价滑铁卢。

作为大宗水果的柑橘类水果，目前消费趋势为高品质、多样化、方便性、安全性，今后健康、安全、自然、特性鲜明、方便、新鲜、个性化将成为柑橘类水果消费的需求。浙江省柑橘鲜果周年供应解决方案见表2-5。

目前，浙江柑橘产业存在着适宜柑橘栽培的土地资源少，栽培面积不断下降；新品种导入带来的品种结构的变化，病虫害优势种群随之发生变化，受到柑橘黄龙病、柑橘小实蝇等危险性病虫害的威胁；对果实品质的要求越来越高。这些问题已成为制约浙江省柑橘业生产持续、健康发展的主要矛盾。浙江省橘果生产应当以适地适作，提高优势产区集中度，调整品种结构，提高良种化率，高品质配套栽培，延长产业链，拓展产业功能，鼓励土地流转和适度规模经营，提高产业化水平，完善社会化服务等对策，增强浙江省柑橘业的竞争力，加速向现代农业的转化，提高产业整体效益。

表2–5　浙江省柑橘鲜果周年供应解决方案

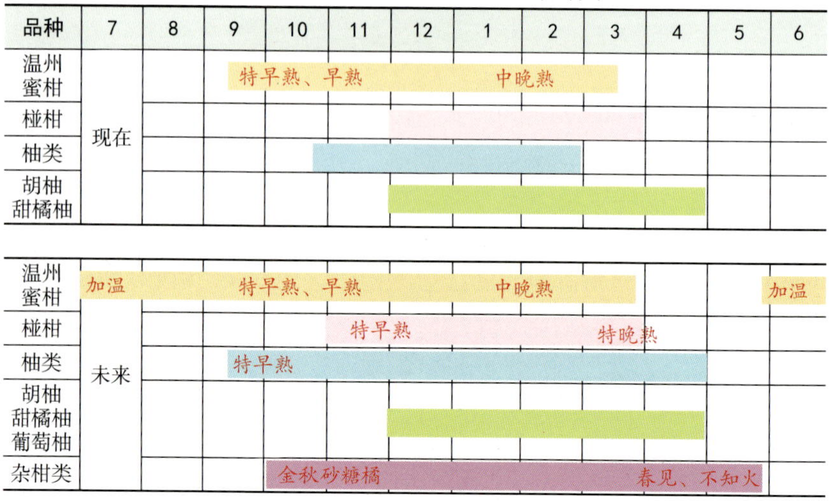

品种		7	8	9	10	11	12	1	2	3	4	5	6
温州蜜柑	现在			特早熟、早熟				中晚熟					
椪柑	现在												
柚类	现在												
胡柚 甜橘柚	现在												
温州蜜柑	未来	加温		特早熟、早熟				中晚熟					加温
椪柑	未来					特早熟				特晚熟			
柚类	未来			特早熟									
胡柚 甜橘柚 葡萄柚	未来												
杂柑类	未来				金秋砂糖橘						春见、不知火		

（二）风险防范

1. 良种与环境

柑橘好吃树难栽，柑橘并不是所有地方都可以栽种，也不是任何地方栽种后都可以优质、稳产。随着柑橘种植面积不断扩大，未来的柑橘销售竞争很大，选择品种很重要。因此，种植前首先要选择适宜的气候与土壤，了解地形地貌、坡向、海拔高度与社会经济条件；其次要分清不同种类及同一种类中的早熟、中熟和晚熟品种；最后要避免检疫性病虫害的接穗和苗木引入。

2. 生产与安全

柑橘是亚热带植物，怕冻害、怕台风、忌积水。因此，须做好园地选择，平地建园要做好起垄、作墩等降低地下水位的基础工作，品种选择应该以 11 月底前可以成熟采收为主；台风季节立支柱绑扶，高温季节使用遮阳网和防日灼剂，干旱季节及时灌水，减轻裂果，确保植株正常生长。成熟期如遇刮风下雨天气，影响果实糖分积累和外观品质；此外，柑橘采收前使用农药、激素等化学制剂不当，会给消费者食用带来不安全性因素。

3. 保鲜与贮运

柑橘果实商品性强，不同品种熟期不一，鲜果供应期长，结合贮藏，可以延长供应期。但柑橘采后须通风降低湿度，宜阴凉处通风预冷降低温度，做好合理包装，科学贮藏，优选快递运输、冷藏车运输，提高保鲜效果，确保柑橘果品的新鲜度。

4. 市场与销售

虽然浙江地处长三角经济发达地区，具有明显的区位优势和较强的消费能力，但是目前我国柑橘类果品总量偏大，季节性滞销日见激烈，季节性短缺逐步缩小。因此，在浙江种植柑橘须谨慎，防止盲目发展，自身经济效益受损。

第三章　关键技术

柑橘种植的关键技术可以分为产前、产中和产后三个阶段，产前技术主要是选择相应的种植品种；产中技术主要是柑橘的栽植管理、土壤管理、肥水管理、树体保护和病虫害防控；产后技术主要是贮藏运输、产品加工和废弃物资源化利用。

一、主要品种

（一）宽皮柑橘类

宽皮柑橘是指容易用手剥皮的柑橘品种类型，可细分为柑类和橘类。

1. 温州蜜柑

温州蜜柑是我国及浙江省主栽的柑橘品种之一。根据成熟期不同可分为特早熟温州蜜柑、早熟温州蜜柑和中晚熟温州蜜柑。在浙江省内种植，特早熟温州蜜柑果实成熟期可在国庆节前上市；早熟温州蜜柑果实在国庆节后上市，完熟栽培一般在11月上旬至翌年1月中下旬采摘，高糖化渣，品质极佳；中晚熟温州蜜柑成熟期在11月中旬后，主要作为罐头加工原料等。目前浙江省推广的温州蜜柑品种有特早熟的大分和日南，早熟的宫川 、兴津、由良以及中晚熟的尾张等。

（1）特早熟温州蜜柑。特早熟温州蜜柑露地栽培在9月上旬到10月上旬成熟。由于以成熟早见长，前期售价较高，但品质稍不及早熟温州蜜柑。

①大分（图3-1）：自日本引进。浙江省主要橘区大部分成熟期在9月中旬至10月中旬。树势中等，与其他特早熟温州蜜柑品系比较树势强，树冠圆头形，枝叶不太密，节间长，树姿与普通温州蜜柑相似。果实扁圆，果皮颜色较深，完全成熟时呈橙红色，平均单果重98克。成熟早、减酸增糖快、风味浓，成熟期比另一特早熟温州蜜柑品种日南提前7~10天，9月初开始着色，9月中旬完全着色。果实

图3-1　大分

可溶性固形物含量可达 10° Brix 以上，口感甜酸。在特早熟品种中，大分 1 号在成熟期、品质、产量等方面表现较好，丰产、稳产，不易浮皮。

②日南（图 3-2）：日本宫崎县日南市从十年生的兴津早熟温州蜜柑的变异中选出。树势比兴津强，枝叶不太密，节间长，叶大，树姿与普通温州蜜柑相似。果实扁圆，平均单果重 110 克。果实在 9 月中旬开始着色，10 月中旬完全着色。10 月上旬时，其酸含量降至 1% 以下，糖含量较高，果实可溶性固形物含量可达 11° Brix 风味好。

图3-2　日南1号

（2）早熟温州蜜柑。

①宫川（图 3-3）：日本育成品种。树势中等，树形开张，丛生枝多。平均单果重 100 克左右，高扁圆形或扁圆形，果色橙黄至橙色，果肉深橙色，细嫩化渣，无核，含可溶性固形物含量约 12.5° Brix 左右，含酸 0.6%~0.7%，甜酸适度，品质优良。果实 10

图3-3　宫川

月中旬成熟，11月中旬后完熟。该品种适宜应用大棚设施完熟栽培，果实可留树到翌年2月，最长可留到3月下旬。完熟果实可溶性固形物含量可达14° Brix以上，含酸0.6%左右，风味浓，化渣性极好。是目前浙江省推广的早熟温州蜜柑品种之一。

图3-4　兴津

②兴津（图3-4）：日本育成品种，系宫川的珠心苗中选出。树势强健，枝梢生长较旺盛。单果重120克左右，扁圆形，顶部圆或平圆，色泽深橙，大小、形状较整齐，果肉深橙色，含可溶性固形物12.0° Brix左右，含酸0.7%，风味浓，品质优，10月上中旬成熟，适应性广，也是浙江省栽培面积较多的早熟温州蜜柑品种之一。

③由良（图3-5）：为早熟温州蜜柑品种。来源于宫川芽变选育。成熟期比大分晚，比宫川早。树势中等，树姿较开张，进

图3-5　由良

入结果期较早。物候期基本上与宫川相同或早1~2天。果实高扁圆形，单果重87克，成熟果实可溶性固形物含量13.0° Brix左右，总酸0.89%，可食率78%，化渣性好。9月上旬开始着色，9月下旬成熟，10月上旬着色可达80%以上。成熟期均比宫川早15~20天。

④龟井（图3-6）：日本育成品种。树冠矮小紧凑，生长势弱，大枝弯曲，着生交叉零乱，萌枝率高，呈丛生状，枝梢短细，节间短缩。果实高圆形，平均单果重100克左右。果面橙色，果皮较薄。果肉橙红色，完熟果实含可溶性固形物含量12.5° Brix以上，风味甜酸，品质优良。10月中旬成熟。该品系进入结果期早，树形矮小，适宜密植栽培。

图3-6　龟井

（3）中晚熟温州蜜柑。中晚熟温州蜜柑曾经是我国多数产区的栽培品种，现面积不断减少。其中以尾张、山田、大长、等比较多，品质一般，化渣性不好，但易栽培，丰产性好，目前主要用于加工全去囊衣橘片罐头的原材料。

①尾张（图3-7）：日本从伊木力系的变异中选出。树势强健，树冠圆头形。果产扁圆形，橙黄色，果顶有明显印圈。可溶性固形物含量12.0° Brix。果肉细嫩，味甜酸，品质中等 。成熟期11月中下

图3-7　尾张

旬。该品种丰产性好，不易裂果，是我国中熟温州蜜柑的主栽品种，浙江省各地有栽培，主要用于去囊衣橘片罐头的原材料。该品种因树势强，与杂柑类品种嫁接亲和性好，也可作为杂柑品种的中间砧。

②青岛：日本静冈自尾张系枝变中选出。树势旺盛，树姿稍直立，坐果率高，丰产性好，果实扁平，较大，130~140克，果面油胞小而光滑，果皮略厚，中心柱大而空虚，囊壁略厚，肉质柔嫩，可溶性固形物12.5° Brix，品质较好，12月上中旬成熟。果实经贮藏肉质软化，口感变佳。因有叶花结果占相当比例，容易形成大果、高桩果，栽培上不宜选择太肥沃的园地，以日照时间长，排水良好的缓坡地为宜。

③寿太郎：由青岛温州蜜柑枝变而来。树势较弱，枝条纤细，节间短，春梢发生较少，土壤肥沃，树势良好则结果性能良好。寿太郎果实大小中等110克，果形扁平，果面平滑，着色比青岛温州蜜柑略早，11月下旬成熟。果实品质佳，可溶性固形物含量12.5° Brix左右，风味浓厚，浮皮少，耐贮藏。为维持树势，秋季可喷施赤霉素抑制花量，叶面追肥促发秋梢，或采取不同枝组的疏果，以轮换结果达到连年丰产的目的。

2. 椪柑

椪柑又名芦柑、汕头蜜橘(图3-8)。在浙江省栽培面积仅次于温州蜜柑。椪柑果实11月上旬至12月中旬成熟，扁圆或高扁圆形，果皮橙黄色，中等厚，有光泽，单果重120~160克，可溶性固形

图3-8 椪柑

物含量 12° Brix 左右，总酸 0.7%~1.0%；果肉质地脆嫩、汁多、味甜，风味浓，其适应性较强，栽培管理容易。

（1）旺村 1 号。浙江衢州橘区通过单株选育获得，果形美观，风味较浓。在浙江衢州已有一定种植面积。该品种树势强健，树姿直立，进入结果期较早，丰产稳产，抗逆性较强。果形端正，高圆形，果顶微凹，蒂部平。单果重平均 150 克。果皮橙黄色，具光泽，油胞细小，果皮略厚，囊瓣长肾形，中心柱空虚，可食率为 78%，可溶性固形物含量 12.0° Brix，含酸 0.9%，12 月上旬成熟，果肉脆嫩多汁，风味浓甜，品质佳，耐贮藏。

（2）丽水椪柑。选于浙江丽水的地方品系。树势强健，树姿直立，进入结果期较早，丰产稳产，抗逆性较强。果实高圆形，单果重 140 克，果皮橙黄色，油胞细小，可食率为 78%，可溶性固形物含量 12.0° Brix，含酸 0.9%，12 月上旬成熟，果肉脆嫩多汁，风味浓甜，具香气，品质佳，耐贮藏，但种子稍多。

（3）太田椪柑。日本育成品种。树形比普通柑开张，树势弱，叶片小，枝梢弱，果实呈扁圆形，果顶有洼陷；果皮橙黄色较浓，果皮较光滑，单果重 150 克，果皮薄，剥皮容易，果汁较多，甜酸适口，可溶性固形物含量 11.5° Brix，含酸 0.7%，种子少，在自花授粉条件下，果实多数无核。果皮着色早，果实减酸早，可在 11 月下旬采收，不耐藏，到 1 月中下旬，果实风味变淡。

3. 其他橘类

（1）本地早蜜橘（图 3-9）。原产浙江黄岩，又名天台山蜜橘。树势强健，树冠呈自然圆头形，枝梢细密。果实扁圆形，较小，单果重 50~80 克，果形端正，顶端微凹。果皮橙黄色，略显粗糙，皮厚 2 毫米，易剥离。果肉橙黄色，柔软多汁，可溶性固形物含量 12.0° Brix，含酸 0.7%。单果种子数 2.4 粒，可食率 77%，味甜酸少，化渣、有香气，囊壁薄，化渣性好，品质优良，是鲜食和制罐兼优的品种。11 月上旬成熟，贮藏性中等，可贮至翌年 1 月底，较丰产。

自普通本地早蜜橘中选出的少核本地早蜜橘。其中东江本地早最优（图 3-10）。东江本地早为本地早蜜橘中选出的优良株系。树形和果形与普通本地早无显著区别。种子较少，平均种子数 0.6 粒。果皮光

图3-9　本地早结果树

图3-10　东江本地早

滑，果形较整齐。成熟期比本地早早 7~10 天，一般 11 月上旬采收。

（2）满头红（图 3-11）。满头红是浙江黄岩的传统品种朱红橘的实生优变品系。该品种树势强健，树冠圆头型。果型较大，品质更优。果实扁圆形，单果重 85 克，果面光滑，橙红色，皮薄易剥；中心柱大而空虚，果肉细嫩化渣，风味较浓，品质中上。可溶性固形物含量 12.0° Brix，含酸 1.1％。11 月上旬成熟，果实贮藏 1—2 个月后，酸降到 0.9％，风味浓，果肉细嫩化渣。该品种发枝能力强、树冠形成快、进入结果期早、栽培管理易，耐寒性较强，丰产等优点，深受橘农喜爱。

图3-11　满头红

（3）瓯柑（图 3-12）。原产浙江温州，是中国古老品种，已有 1 000 多年栽培历史，主产浙江温州、丽水，福建等地有少量栽培。该品种树势强健，树冠圆头形，枝条开张，下垂，有短刺。果实圆球形或短圆锥形。单果重约140克。果皮橙黄色，油胞较细密，具蜡质，海绵层厚，白色，易与囊瓣剥离。果肉橙红色，风味甜酸适口，略带苦味。可溶性固形物含量11.0° Brix，酸含量0.6%，平均种子数4.5粒/果。成熟期11月中下旬。果实耐贮藏，常温下可贮藏至翌年5月，且风味不变。丰产性好。已选出无籽瓯柑、大果瓯柑、青皮瓯柑等品系。

图3-12　瓯柑

无籽瓯柑，从普通瓯柑中选育出的芽变单株。该品种树势强健，树冠圆头形，枝叶同普通瓯柑。果实倒卵形，平均单果重130克，果面橙黄色，油胞较细密，具蜡质。可溶性固形物含量12.0° Brix，总酸含量0.6%。果实极耐贮藏，品质比普通瓯柑好，但产量不及普通瓯柑。

（二）橙类

1. 脐橙

脐橙品系较多，主要用于鲜食，品种有纽荷尔、朋娜，大三岛、清家等几十个品系。其中，以纽荷尔脐橙品种特性较好。纽荷尔脐橙原产美国，依来源可分为西班牙系和美国系2个类型（图3-13）。树势较强，树姿开张，成枝力强，枝上具小刺；西班牙系纽荷尔果实长椭

图3-13　纽荷尔脐橙

圆形，美系与其相比果形略短，单果重 250 克左右，果形独特而美观，果皮橙红色，较光滑，脐较小，多为闭脐，可溶性固形物含量 12.5° Brix，减酸早，品质优良。成熟期在 12月上中旬。较丰产，还具有抗日灼，抗脐黄，裂果少的特点，只是树势过旺盛时结果不稳定，需采用保果措施。

2. 红玉脐橙

红玉脐橙又名卡拉卡拉、红肉脐橙（图 3-14）。原产秘鲁。树势中等，树姿半开张，圆头形，枝梢分枝力强，刺短而少，以夏梢着生居多。果实呈球形或椭圆形，平均单果重 200 克。果皮橙色，较光滑，闭脐。果皮坚韧，不易剥离。果肉深红色，鲜艳，风味浓甜，有香气、化渣、无种子，品质上等。可溶性固形物含量 12.5° Brix，总酸约 0.9%，耐贮藏，经贮藏后果皮转为橙红色。成熟期 12月上中旬。因为易感溃疡病，不耐涝，栽培上注意排水和溃疡病的防治。

3-14　红玉脐橙

3. 血橙

血橙因果汁内含花青素及略带玫瑰香味深受消费者欢迎（图 3-15）。主产非洲北部和欧洲南部地中海沿岸各国，我国的主产区为四川和重庆一带。血橙在浙江种植成熟期在 1—3月。露地种植往往酸度较高，需经过采后贮藏一段时间，才能食用。适宜浙江省发展的品种有成熟期稍早的摩洛血橙和晚熟的塔罗科血橙。

3-15　血橙

（1）摩洛血橙。树势不及塔罗科血橙，果实整齐度较好，果形卵圆形，果面色泽橙红，果皮较光滑，果肉橙色，果肉化渣，香气较浓，风味甜酸适口，单果重140克左右，果形比塔罗科血橙小。浙江地区种植一般12月下旬果面有紫红色出现，可采收并贮藏到春节期间，果实可溶性固形物含量13.0° Brix，可滴定酸含量0.9%，果肉总花青苷含量约52.0毫克/升。果实口感酸甜、略酸，品质中上。果皮紫红血色较浓，商品性好。

（2）塔罗科血橙。该品种树势强健，丰产性好。综合性状是血橙众多品种中较优的一个品种。果实椭圆形，单果重最大，平均单果重193克，果实大小较一致，果色鲜艳，果实转黄后果皮变薄，果色橙黄鲜艳，油胞细而光滑。果肉细嫩，汁多化渣，甜酸适口，风味浓郁，果实少核至无核，成熟果实有紫红色“血丝”，具有玫瑰香味，可食率高，品质优。成熟期在2月中旬到3月上旬。

（三）柚类

浙江省原产的柚子品种也比较丰富，并形成一些规模化栽培的知名产地，如玉环文旦、苍南四季柚、永嘉早香柚等。

1. 玉环柚

原产浙江玉环，又名楚门文旦（图3-16）。树势强健，呈自然圆头形，果实扁圆形或高扁圆形，单果重1 500克左右，果顶有凹洼，果皮蜜黄色，较光滑，油胞稀疏，常无

图3-16　玉环柚

核，中心柱空，多核时中心柱紧实；果肉柔软多汁，甜酸适口，可溶性固形物含量10.5~12.5° Brix，总酸0.8%，有清香，品质优良。10月中下旬成熟，耐贮运。玉环柚适应性强，进入结果期早，结果性能良好，一般果实扁圆形的植株易发生膨大期至采前的裂果现象，有些年份极为严重，栽培上应引起重视。

2. 早玉文旦

国内育成品种，为玉环柚的芽变品种，极早熟。该品种树势强健，树形高大，树冠圆头形，其主枝分生角度较玉环柚小，直立性略强。果实扁圆或圆锥形，单果重1 250~2 000克，可溶性固形物含量10.5~12.5° Brix，总酸0.8%，可食率60%。成熟期早，9月中旬成熟，最早9月初可上市，比对照普通玉环柚早40天左右。丰产稳产性好，但裂果也较重，栽培上要通过异花授粉，果实套袋，肥水调控、地膜覆盖等措施减少裂果率（图3-17）。

图3-17 早玉文旦

3. 琯溪蜜柚

原产福建平和县，又称平和抛，是目前我国栽培面积最大的柚子品种。该品种在浙江省橘区栽培10月中下旬成熟，为柚类的中熟品种。丰产性好，裂果少。树冠自然半圆形，长势旺盛，枝叶稠密；果实倒卵形或阔圆锥形，单果重1 500~2 000克，果皮淡黄色，光滑，香气浓郁，果顶有较明显的印圈，中心柱空虚，果肉柔软多汁，甜酸适口，化渣，品质优。单一品种栽培下表现无核或少核，与其它具花粉品种混栽情况下会形成种子，多者在100粒以上。

琯溪蜜柚的品系较多，有红肉蜜柚、三红蜜柚、黄肉蜜柚等

（图 3-18）。

图3-18 琯溪蜜柚

4. 四季柚

原产苍南县，又名四季抛。树冠高大，树势中等；果实中等大小，端正，呈卵圆形，单果重700~1 300克，果皮较薄，呈橙黄色；肉质脆嫩，汁多，甜酸适口，品质佳，种子较少，11月上中旬成熟，耐贮藏（图 3-19）。

图3-19 四季柚

5. 早香柚

原产永嘉县。树势强健，树冠呈圆头形；果实梨形，单果重1 000~1 500克，果皮橙黄色，果面光滑，香气浓，果肉脆嫩化渣，甜酸适口，采收期在9月下旬至10月初。耐贮藏，高产稳产（图 3-20）。

（四）杂柑类

人工或天然杂交的柑橘后代，生产上称为杂柑类。品种比较丰

图3-20　早香柚

富，生产者也比较喜欢种植。根据杂交的亲本类型，可以分为橘橙类、橘柚类，以橘橙类数量更多。品种选择上要注意，晚熟杂柑品种果实留树期间温度不得低于 -1℃，因此，浙江省栽培须采用设施保温，防果实受冻，栽培技术要求较高。

1. 红美人

日本育成品种，又名爱媛 28 号，系南香与天草杂交育成品种（图 3-21）。该品种幼树树势强健，进入结果期后易衰弱，树姿开张。果实大小 200~250 克。果形呈扁球形。果皮橙色至浓橙色，比较光滑。果肉黄橙色，柔软多汁，囊瓣壁薄，舌头几乎难以察觉到，这种果冻样的食用感觉是其最明显的特征。果皮薄而柔软，由于囊瓣壁极薄并与白皮层密接，剥皮较难。果实紧，无浮皮。单性结实能力强，且通常无核。授粉后，有少量种子。果实 10 月下旬成熟，可留树挂果到翌年 2 月上旬。果实完熟后可溶性固形物含量可以达到 14.0° Brix 以

图3-21　红美人

上，酸 0.6%，风味极好。一般需大棚设施避雨栽培。

2. 沃柑

以色列育成品种，为坦普尔橘与丹西红橘的杂种。树势强健，枝梢抽发能力极强。树冠自然圆头形。果实扁圆形，单果重约 130 克。果皮较硬，包着较紧，但易剥离，果皮光滑，橙色或橙红色，具有光泽。果顶平，可见不显著的环状印迹。果肉浓橙色，肉质细嫩化渣，汁多味浓，有橙类香味和克力迈丁红橘味。高糖低酸，果实风味浓郁，到 3月上旬，可溶性固形物含量可达 14.0° Brix 以上，可滴定酸含量 0.5%，品质优。该品种投产早，丰产稳产。果实采收期长，可从 12月底采收至翌年的 3月上旬。丰产性强（图 3-22）。

图3-22　沃柑

沃柑另有一无核品系，称为无籽沃柑。其种子较少，平均 1~3 粒。树体特性与普通沃柑同，但花量少，树势更强，需通过环割促花，保果等栽培措施。果实成熟期略早，品质更优。一般需大棚设施保温栽培。

3. 明日见

日本育成品种，又名兴津 58 号。亲本为甜春橘柚与特洛维塔甜橙杂交后再与春见杂交获得的橘橙杂交品种。树势强健，树姿开张。果实高扁圆形，单果重 190 克左右。皮薄，果皮橙色，光滑，剥皮略难于椪柑。果肉浓橙色，口感酸甜，有甜橙香味，风味浓，肉质稍硬，有少量种子。极高糖品种，可溶性固形物含量 15.3° Brix，总酸 1.0%。2月成熟。没有完熟时酸度较高，一般需大棚设施保温栽培（图 3-23）。

图3-23　明日见

4. 甘平

日本育成品种，又名爱媛34号。该品种树势强健，树姿开张。果实扁圆形，扁平，特征较明显。果皮橙色，较薄。露地栽培裂果较多，尤其是果实膨大期水分不均时，严重者裂果达70%。果形大，单果重220克左右，皮薄，可溶性固形物含量13.0° Brix左右，总酸0.95%，口感酸甜。1月下旬至2月中旬成熟。该品种裂果较重，尤其是幼年树更甚。一般需大棚设施保温栽培（图3-24）。

图3-24　甘平

5. 媛小春

日本育成品种，系清见与黄金柑杂交育成的中晚熟杂柑品种。该品种树势强健，树冠圆头形，树姿开张。发枝力强，枝叶浓密，枝条多披散。果实卵圆形，有果颈，果顶有显著印圈，果皮黄色，果皮厚3.0毫米，易剥皮。单果质量142克。果肉浅黄色，质地细致柔软，汁多，肉质化渣，味浓甜而具蜂蜜味。1月下旬成熟，可溶性固形物含量13.9° Brix，总酸0.88%，口感甜酸，有清香味，品质好。一般需大棚设施保温栽培（图3-25）。

图3-25 媛小春

6. 晴姬

日本育成品种，又名兴津54号。亲本为清见与奥塞奥拉橘柚杂交后代再与宫川杂交的后代。该品种树势中强、叶片有卷曲，有短刺。果形扁圆，似温州蜜柑。单果重130克。果皮橙黄色，皮厚3.2毫米，易剥皮，中心柱空。果肉橙黄色，柔软多汁，囊衣薄，口感佳。该品种具减酸较早、糖度高、易剥皮等特点。通过大棚设施完熟栽培，果实可溶性固形物含量12.0° Brix以上，总酸0.8%，有香味，品质较好。一般无核，与有花粉品种混栽条件有少量种子。成熟期12月上旬至翌年1月上旬（图3-26）。

图3-26 晴姬

7. 春见

日本育成品种，又名兴津44号，亲本为清见橘橙和F-2432椪柑。该品种树势中等，树姿直立，树形似椪柑。果实锥形，果顶平，果基内凹，有果颈。单果重约180克，果皮厚3.1毫米，可溶性固形物含量13.2° Brix，总酸1.0%，可食率76%。为晚熟品种，浙江省橘区栽培，成熟期翌年1月上旬至2月上旬。一般需大棚设施保温栽培（图3–27）。

图3–27　春见

8. 春香柚

日本育成品种，从日向夏的自然杂交后代中选出，为橘柚类杂柑。树势较旺，树冠直立，结果后开张，树体抗病力特强，栽培管理容易。果实扁球形或圆锥形，果顶有凹环。单果重200~220克，果面黄白色，皮色与尤力克柠檬相似，果面粗，有光泽，外观独特。可溶性固形物含量12.0° Brix，总酸0.51%，口感甘甜脆爽，有香气，品质佳。种子多，多胚，胚色淡绿。浙江省12月中旬成熟，极耐贮藏，贮后风味好（图3–28）。

图3–28　春香柚

9. 甜春橘柚

日本育成品种，又名甜橘柚（图3–29）。树姿开张，树势较强，丰产性好。果实扁圆形，紧实，果梗部略呈球形，果顶部平坦，果皮橙黄色，果面粗，剥皮略难，同胡柚相近，单果重300克左右，无核或少核。果肉橙色，肉质柔软，可溶性固形物含量12.5° Brix左右，含酸0.5%以下。11月下旬至12月上旬成熟，采果时风味甜、适口，很耐贮藏，可贮至次年5月底不变味。

图3–29　甜春橘柚

10. 不知火

日本育成品种，亲本为清见橘橙与椪柑杂交育成，成熟期较晚，为翌年3月下旬至4月初，浙江省有极少量引种。该品种树势中庸，进入结果期后树势易衰弱。结果性良好，单果重200克以上。果实梨形，具有明显的果颈，象高桩椪柑。果皮橙黄色，外观略粗，果皮较厚，剥皮性中等，囊瓣壁薄，化渣性好。可溶性固形物含量可达14.0° Brix，酸度1.2%左右。12月上旬开始着色，但酸度较高不可食用，留树到翌年3月左右，酸度可降到1.0%左右。需大棚设施保温栽培（图3–30）。

图3–30　不知火

11. 大雅柑

国内育成品种，亲本为清见橘橙与新生系3号椪柑杂交育成。树势中等，果实外观和树体均酷似春见，成熟期比春见略晚。单果重220克，卵圆形，果皮橙色，易剥皮，果肉细嫩化渣，汁多味浓，可溶性固形物含量14.0° Brix，含酸0.8%，可食率71%，果肉脆嫩化渣，风味浓郁，口感好，有香气，品质优。翌年1月上旬至2月中旬成熟。在当年12月上旬可溶性固形物含量达12° Brix以上，翌年1月下旬可滴定酸含量达到1.0%以下，达到商品采收条件；2月上旬可溶性固形物含量达15° Brix以上，随后可滴定酸含量逐步下降，到3月中旬下降到0.5%左右，品质极优。单独栽培无核或少核，混栽后有少量种子。一般需大棚设施保温栽培。

12. 金秋砂糖橘

国内育成品种，亲本为爱媛30号与砂糖橘杂交育成。树势强健。树冠圆头形。果实扁圆形，平均单果重60~80克。果皮橙红色，皮光滑细腻易剥离。肉质细嫩化渣，可溶性固形物含量12.0° Brix，总酸0.4%，果实无核。成熟期早，浙江橘区栽培，其果实在11月上旬成熟。丰产性好。

13. 鸡尾葡萄柚

美国育成品种，为暹罗蜜柚和弗鲁亚橘杂交选育而成（图3-31）。该品种树势强健，树姿开张，进入结果期早。3月初萌芽，3月下旬春梢展叶；4月中旬现蕾，4月下旬初花，5月上旬终花。果形大小介于甜橙与葡萄柚之间，果实扁圆形或圆球形，单果重380克；果面光滑，果皮橙黄色，果皮薄、光滑，皮厚4.2毫米，海绵层白色，皮层较紧，但较易剥；果肉黄橙色，汁液多，风味爽口，略酸。中心联合，不易分瓣。汁胞橙黄色，柔软多汁，甜酸适中；可溶性固形物含

图3-31　鸡尾葡萄柚

量12.2° Brix，总酸含量0.8％。平均单果种子数33粒。

14. 胡柚

图3-32 胡柚

胡柚为天然杂交种，原产浙江常山（图3-32）。树势强旺。果实梨形或圆球形，单果重约350克，果顶有明显或不明显的印圈，皮色金黄或橙黄色；可食率约68％，可溶性固形物含量12° Brix左右，含酸1.0％左右。甜酸适度，略带苦味，风味酸甜可口。11月中旬采收。宜贮藏后鲜食，也可制汁。幼果切片可加工成衢枳壳药用。与椪柑等混栽时种子多，可达10~40粒；单一品种成片栽培种子少，3~10粒，间有无核。丰产性好，较抗寒，又耐贮藏，可在柑橘栽培的北缘地区种植。

（五）其他柑橘类

1. 尤力克柠檬

图3-33 尤力克柠檬

原产美国，四川安岳县是中国重要的柠檬生产区。云南、重庆栽培较多，广东、广西、福建和海南也有少量栽培。尤力克柠檬是优良的柠檬品种（图3-33）。该品种树势强健，树冠圆头形。果实椭圆形，两端突出。果皮淡黄色，较厚而粗，香气浓，果汁多，出汁率38％，果酸含量高，每100毫升果汁含酸6~7克，味极酸。可溶性固形物含量7.5~8.5° Brix。丰产性好。果实主要用于加工、调味，少量用于鲜食。

2. 脆皮金柑

金柑类的优良品种，又名滑皮金柑（图3–34）。该品种丰产性好，品质佳。果皮橙黄色，果皮光滑，油胞稀少，无刺鼻麻辣味，全果带皮食用，皮脆、果肉清甜。平均单果重16克，果实长椭圆形或圆形，可食率96%以上，可溶性固形物含量15.0~19.0° Brix，种子平均2.2粒。果实11月开始陆续成熟，可分批采收。该品种抗逆性强，病害少，无疮痂病和溃疡病，对柑橘黄龙病症状表现不明显，耐寒。但对水分要求严，7—10月缺水会严重影响果实品质。

图3–34　金柑

二、栽植管理

（一）园地建设

1. 山地橘园的建立

（1）小区划分。小区划分应按山坡坡向划分，不要跨越分水岭，山顶上应保留适当的防护林，目的在于保持水土，方便管理。地形复杂的划区宜小，在目前栽培水平下，小区以30亩为宜，也可按地形将几个小区合并成一个大区，面积为220~230亩。面积小且分散的则不必划分小区。一般一个小区栽植一个品种或品系，便于精细管理。小区形状近似带状的长方形，长边要因地势向等高方向弯曲，以利机械操作和排灌。

（2）道路设置。橘园道路的设置应从土地的利用率与小区划分相结合。面积大的果园设干道、支路、操作道三级。大型果园可以设置空中运输索道，或单轨运输车。以最短距离将产品运到山下的环山公路。小面积橘园设支路、操作道两级即可。修路应在开园前进行。

（3）水利设施。山地橘园应以有利水土保持为原则，以蓄为主，蓄排兼顾，做到平时蓄水，旱时可以灌水，小雨水不下山，大雨不冲土的要求。

①防洪沟：橘园除保留原有的林木外，还要继续造林、护林以蓄水保土。林木与橘园交界处开一条环山防洪沟，连接排水沟，以防山洪冲坏园内梯壁。防洪沟的宽深以排完常见山洪为度。

②排水沟：应根据地形、水势和梯面情况，在道路两侧设置纵向排水沟。排水沟一般宽50厘米，深50~60厘米，为缓和水势，应迂回而下，开成梯阶形。水量大的沟底的沟壁要砌石或让其自然生草。每隔3~5米在沟内设跌水坑及拦水坝。

③保水沟：梯田内侧挖宽30厘米，深20~30厘米的竹节保水沟。

④蓄水池和山湾塘：在水源充足地段，在园地的各小区修筑大小蓄水池和山湾塘，以解决施肥、喷药、抗旱用水。一般每10~15亩建立能贮水30立方米的蓄水池一个。并创造条件，装置喷滴灌设备。橘园上方没有水源的，应建提水上山配套设备，用以抗旱。

（4）防护林设置。除在山顶保留一定数量的林木作为水源林、防风林外，易受冻害或风害的地方还要在园外围10米处营造4~6行防风林主林带。在干道、支路和排水沟两侧营造2行副防风林带。行株距为（2~3）米 ×（1~1.5）米（灌木可缩减一半）。防风林应在建园前或同时营造。为了避免林木根系伸入橘园影响橘树生长，林带和附近橘树应相距2~3米以上，并在其间挖一条深1米、宽60厘米的隔离沟，以免防风林的树根伸入橘树畦面而影响橘树生长。

防风林的树种以就地取材为宜，应选用速生、高大、长寿、经济价值高的种类（图3-35）。

（5）土地整理。山地修筑水平台阶梯田是保持水土的一项根本措施。首先在坡度有代表性的坡段选定基线，然后在基线上确定基点，作为每条等高线的起点。基点间的水平距离即为梯面宽度，一般要求5米左右。在基线上选定一基点，用仪器或竹竿，自上而下按行距（梯面宽度）要求测出第二、第三、第四……个基点，再测出各个

图3-35　木麻黄防风林

基点的等高线。等高线的比降为0.2%~0.3%，一般中间高，两侧低，倾向排水沟，以利排水。

修筑梯田应自上而下进行。首先在等高线上做清基工作，梯壁基的深浅由土层深厚而定，石壁或水泥砖梯田一般深0.5~1.0米左右，直至基层土或石基为止。清基宽度随梯壁加高而增大，一般为0.3~1.5米。基脚最好挖成外高内低，以增加梯壁的稳定性。在筑梯壁的过程中，必须边翻土边填土，把上坡的土翻至下坡，使梯田表面向内倾斜3°~5°，同时将梯田深翻。用挖土机或人工深翻时，一边翻土，一边将有机物翻入土中。每亩可翻入3 000~5 000千克新鲜有机物用于改土。

2. 平原橘园的建立

（1）小区划分。以便于管理及机械操作为原则，面积以15~20亩，南北长50~80米，东西宽为150~200米为宜。过小则土地利用不经济，过大不利于排灌和管理。一般以4~6个小区为一个大区。

（2）道路设置。为了有利于交通运输及平时管理，橘园道路可分设小路、干路、大路三级。小区间的操作道路宽2~3米，通大区干路。干路宽3.5~4.5米，大区间互相连接并通公路。面积较大的橘园还应设宽7~8米的中心路。

（3）水利设施。平原橘园水利系统的规划以有利于降低地下水位为原则。橘园的河道及沟渠、水闸应配套，供排水和灌溉之用。畦沟、围沟、支河、大河均应相通。围沟设在橘园四周及道路两旁，深1.2米以上，宽1米，畦沟60~80厘米深、宽50厘米为宜。如果橘园超过800米宽度的，中间要增加一条深1米、宽1米，连接围沟的腰沟，使地下水位降至1米以下，保证不少于60厘米。

此外，还要有自立门户的控水闸，使整个橘园的排灌系统和水稻区的水系分开，互不影响。

（4）防风林设置。防风林应按地形设置，因地制宜，并结合塘坝、河道、道路等情况进行营造。起主要防风作用的主林带应与主要风害方向相垂直。副林带与主林带相垂直，成为网格式（图3-36）。主林带之间的距离视风力大小而定，一般每隔300~400米设一条。主林带的宽度最好为12~20米，副林带为8~14米。平原橘园防风林的效果以上部紧密、下部疏朗的透风林型较合适，也就是采取乔、灌

图3-36　网格化栽培

木混栽的防风林。乔灌木比例要根据土质而定，土质差的，乔灌木比例 1∶1 或 1∶2，土质一般的，比例为 3∶2，土质好的，比例为 3∶1。防风林株行距视树种而定。

防风林的树种有：木麻黄、白榆、洋槐、紫穗槐、芦竹、青皮竹等。要在柑橘定植前营造好。

（5）土地整理。

①平整土地：全园深翻破隔层。根据地下水位高度决定深翻的深度，以不挖入地下水位为原则，一般为 40~60 厘米。用挖土机或人工深翻时，一边翻土，一边将有机物翻入土中。每亩可翻入 3 000~5 000 千克新鲜有机物用于改土。土地平整后即可按规划标准进行放样。

②深沟高畦（起垄）或筑墩：按品种品系要求，定好株行距后，即可起垄或修筑橘墩。

起垄：地形较高排水畅通的平地橘适用此方法。双行（隔行）开一条深沟，沟深 40~60 厘米，另一条浅沟 10~20 厘米，沟宽 30~40 厘米，将沟中的泥土搬放到畦面上，即成深沟高畦。

筑墩：地下水位较高的园地适用此方法。橘墩以平墩即荸荠形较好，能较好地吸水保水。作橘墩一般在秋后进行。先用仪器或竹竿确定橘墩的中心位置，然后在竹竿四周画 1.5~2.0 米直径的圆周。把圈内的土壤下掘 30~40 厘米深的穴，把表土放在一边，再分层施入腐熟的有机肥料至畦面平。用心土叠在橘墩周围，内填表土，并加 150~220 千克淡土筑成底宽 1.8~2.0 米，高 80 厘米、墩面 75~80 厘米平墩。有条件的地方可全部利用客土筑墩，促使幼树速生丰产。切忌用沟泥或青紫泥作为橘墩的材料。近来，也有采用塑料硬片的控根器式根域限制栽培，解决了筑墩难度大、劳动强度大的问题。

3. 机械化橘园的建立

（1）园地选择。应选择交通方便，地势平缓，土层深厚，年均积温、年日照时数、空气湿度和最低温度等气象指标及土壤等条件，适宜主栽品种优质丰产和符合《无公害食品　柑橘产地环境条件》的要求。

在地面坡度小于5° 地方可建机械化平地橘园，地下水位应在0.8米以下，并能快速将地表径流和地下水排出橘园；在地面坡度5°~15° 的缓坡地建机械化橘园，坡面应相对平整规则，宜建设台面不小于4.5米的梯地橘园；在坡度大于15° 的山地则可以通过建设轨道或缆索作业系统等实现部分管理环节的机械作业。

（2）道路设置。

①园区干道：在较大规模的橘园，应从园外主要交通干道规划建设一条有效路面宽度大于6米的园区干道，通达橘园中央或穿越橘园。园区干道宜硬化处理。

②橘园支路：与园区干道连接，并贯穿橘园各种植小区，确保农业机械和运输机械等能顺利进入每一种植小区。果园支路有效路面宽度3~6米，在适当的地点设置间距不大于50米的会车道。橘园支路宜硬化处理。

③机耕道：指连接公路干道、支路，供果园农业机械、农用物资和农产品运输通行修建的道路。应与园区干道、支路等连接，可与橘园支路重合，有效路面宽度3~5米，并在适当的地点设置间距不大于30米的会车道。机耕道可以不硬化处理。

④生产路：指橘园内连接公路干道、支路或者机耕道，供机械设备和人员在橘园内无障碍通行并连通果园地块的通道。应与园区干道路、支路或机耕道连接，并与橘园地块的定植行无障碍连通，要尽量平直或呈均匀缓坡，便于农业机械从橘园作业出来后方便转向或换行，生产路有效路面宽度2.5~3.0米，不宜硬化。

建设时，按照设计方案，对园区干道、支道进行统一测绘放线，用推土机推出宽6米的干道和宽4米的支路，与乡村公路和耕道连接，贯通全园各作业区；用推土机推出宽2.5米的果园机耕道，连接支路和各定植行的机耕作业道；按照5.5米左右定植行距放线确定定植行中心线，用推土机沿果园定植行的行间中线推出宽2米的机耕作业道，将表土集中到定植行，形成约15厘米高的弧形定植垄，垄间机耕作业道应平整、坡度均一，保持至少0.5%的比降坡度使行间不积水，并与支道或机耕道无障碍连接贯通。用小型挖掘机沿着支道和机耕道两侧开挖宽0.3米、深0.5~1.0米的排水沟（图3–37）。果园支路、机

图3-37　排水沟

耕道均应建设泥结石路面或混凝土路面，行间机耕作业道只需推平、种草即可，确保路面不积水。

（3）橘园作业区。平地橘园按照垂直于汇水线或排水沟的方向设置定植行，定植行保持一定比降以确保行间径流直接进入排水沟，防止定植区积水；橘园作业区应设置为长方形，定植行为作业区的长边，长边长度以100米左右为宜，便于机械高效作业，减小转弯或调头频次。

缓坡地橘园尽量设置为长方形，作业区的长边与等高线垂直；坡度较大时也可按盘山绕行方式划分作业区，倾斜的定植行便于行走式机械穿行和高效作业；不同坡面连接处需设置三角形缓坡小区，尽量实现相邻小区的机耕作业道连接相通。

浅丘山地橘园可以按照山间谷地和山头等两类地貌分别进行作业区划分和设计，按照垂直于等高线或主排水沟的方向设置宽度为3米以上梯台，橘树种植行为等高线，尽量可容纳小型作业机械在等高梯台地通行作业。

（4）水利系统。主要包括灌溉、排水、沉沙、蓄水等工程，以实现“干旱有水浇灌，大雨土不出园，中雨水不下山，雨过种植区不积水”为目标。

沿坡地橘园在种植区汇水线上设置顺坡的排洪沟或主排水沟，应遵守工程量少、线路较短、位于汇水线或低洼区、便于快速充分排出园区径流、不影响橘园机械通行的原则，一般要求深度和宽度均大于0.8米，上宽下窄，基础不牢固的区段应采用石块或混凝土预制板三面砌筑。

缓坡橘园主排水沟可采用“沟边带路”或“沟盖板成路”的方式建设，排水沟深度以保证种植区地下水位低于行间通道0.8米为宜，一般深度1.0米，宽度0.6~0.8米，比降为0.3%~0.5%，每隔30~50米设置沉沙凼。便道旁的排水沟以上宽0.4~0.6米、底宽0.2~0.4米、深0.3~0.6米为宜。橘园种植区的排水沟都应以暗管或以盖板方式穿过道路系统，方便机械设备无障碍进出作业行。

平地橘园定植行之间的空地既是机械的作业通道，也是行间排水系统，因此要低于定植点地平面15厘米，并保证其平整和不积水。按照排水沟设计方案，先对汇水线上的主排水沟和其他各级排水沟进行测绘放线，开挖排水沟雏形，保证整个排水系统的高程、比降和规格协调合理，能够高效排出果园积水和径流；地面整理后保证地表径流能够全部流向排水系统，再用挖掘机开挖形成各级排水沟，精细整理，必要时砌边砌坎，形成排水系统。

机械化橘园主要采用管道灌溉系统，因此需要在园区最低点或汇水点规划建设少量大型蓄水池。蓄水池与排水沟通过沉沙凼、引流导沟等贯通，使排水沟中的水流先引入蓄水池进行集蓄。

橘园智能灌溉系统包括首部加压系统和自动控制系统、输水管道系统、终端滴头或微喷头和微喷头润管等，可由专业灌溉公司设计和安装。尤其要注意滴灌或微喷灌终端最好使用长15厘米及以上、直径0.3厘米的微管与灌溉毛管连接，坡地果园不宜使用内嵌式滴灌管道系统。

（5）地面整治及定植沟改土。按照规划设计方案，先对汇水线上拟建主排水沟放线，用挖机开挖形成主排水沟雏形；再用推土机将种植区地面削除田坎地坎、削高填低，形成向汇水线上的排水沟倾斜，形成均匀坡面和平整地面；最后按照所需比降和规格整理和建成排水系统。

用推土机将土面整治平整，然后根据设计进行定植中心线放线。沿定植行中心线用大、中型挖掘机开挖宽1米以上、深0.8米以上的改土沟，要求平直延伸，沟壁陡直，沟底平直而不积水。地面整治后，应当使用畜禽粪便等有机肥，种植豆科作物或者其他绿肥还田培肥土壤。

（二）育苗定植

1. 育苗

（1）主要砧木。在柑橘繁育体系中，砧木对树体的生长结果和环境适应性起重要作用。砧木是柑橘的根基，对植株的生长势、产量、品质、抗逆性等都有很大影响。主要砧木品种有枳、枸头橙、本地早、小红橙等。

①枳：枳是柑橘最主要的砧木品种，适宜绝大多数柑橘品种作砧木，具有抗寒、抗旱、耐瘠等特性，枳砧苗木可以提早结果，丰产，果实品质优良，且树形比较矮化，抗脚腐病、流胶病、线虫病。但枳砧苗木不抗裂皮病、碎叶病，不耐湿涝，不耐盐碱，在盐碱土（如海涂地）种植易发生缺铁性黄化现象。因此，枳适宜在山地、酸性土壤作砧木。

②枸头橙：枸头橙也是优良的砧木品种（图3-38），具有耐黏重、

图3-38　枸头橙树及果实

耐湿耐旱、耐盐碱，抗衰退病，使用枸头橙为砧木苗期生长较快，根系发达，树势强健，丰产稳产。

枸头橙对土壤的适应性广，在沿海围垦地上，不会黄化，生长势强，寿命长。适宜作甜橙类、宽皮柑橘类和杂柑类品种砧木。

③本地早：本地早既是特色鲜食品种，也是良好的砧木品种，具有根系发达，抗旱抗寒，树势强健，寿命长等优点，但苗期生长较慢。作温州蜜柑砧木，树势强健，树冠圆整，枝条紧凑，丰产稳产，品质好。作脐橙砧木，树冠矮化。本地早砧木耐盐碱也耐酸性土壤，故海涂、山地均可使用。

④小红橙（图 3-39）：小红橙对土壤适应性较广，耐盐碱。用于砧木，苗木前期生长快，根系发达，分布密集，须根较多，作温州蜜柑的砧木时，树冠较高大，品质较好，但结果期稍迟；作甜橙砧木，树势强，根系发达，抗旱丰产，但结果较迟；作本地早砧木，前期生长良好，结果期早，树龄稍大后，表现穗木大砧木小，生长势弱，雨季易烂根而引起落叶，故不适宜作本地早砧木。

图3-39　小红橙树及果实

（2）育苗。

①苗圃选址：柑橘苗圃的选位应首要考虑其隔离性，最好选择周边无橘园或远离橘园的地段，以避免或减少危险性病虫害的传播，如柑橘黄龙病、溃疡病等检疫性病虫害。其次柑橘苗圃宜建于地势平坦，避风向阳之地。露地苗圃应选择土层深厚、土壤肥沃、透气性好，保肥保水性好的土壤作为苗圃地。以 pH 值在 5.5~6.5 的弱酸性

土壤为宜，土质以沙壤土为佳。

②苗圃规划：完整的苗圃根据功能一般包括砧木母本园、原种圃、采穗圃、育苗区及其他配套设施，各功能区块应合理布局。

砧木母本园：砧木母本园为苗圃提供专用的无病毒、纯系砧木种子。砧木品种应充分考虑与接穗品种相适应，嫁接亲和性好。同时应做好不同砧木品种间的隔离，保持砧木品种的纯度，避免砧木品种间的杂交。

原种圃：原种圃用于保存育苗企业专用品种，为采穗圃提供无病毒原种。原种必须保存在高度隔离的温室内，制定专业管理方案或管理制度，定期检测植株健康状况。原种必须脱毒和检毒，来源主要是科研院所柑橘脱毒部门。

采穗圃：采穗圃是专门用于育苗接穗的采集，必须定植在隔离的网室内。采穗圃的品种来源于原种圃。接穗圃接穗的优劣直接影响苗木的品种纯度和种苗质量，是良种繁育系统的关键部分。接穗母树应严格保护，必须是防虫网隔离，以免感染病毒。

繁殖园：繁殖园分为砧木播种区和嫁接育苗区。砧木播种区是播种砧木的区域，可根据砧木品种的不同再分成不同的小区，以利于嫁接时品种的安排区分和管理。嫁接育苗区是培育嫁接苗的区域，同样可根据嫁接品种的不同再分成不同的区块。

露地育苗还需考虑育苗地块的轮作，轮作时最好种植水稻，水稻种后种紫叶苜蓿等绿肥，并适时深翻绿肥，以培肥土壤，改善土壤结构。

其他配套设施：一般大型的育苗基地，应设置有苗木、农资的运输道路、化肥农药的喷施系统，以及办公室、贮藏室、工具室以及苗木包装等场地。

③苗木繁育：苗木繁育全过程主要有砧木苗培育、嫁接、嫁接后管理和出圃。

砧木苗培育：从砧木母本园采种。以枳砧为例，采种时间多在9月份果实成熟时采集、春季播种，也可以在8月初采集嫩种播种。播前对种子进行筛选，选择粒大饱满无霉变、无病虫、无损伤的种子后，用温汤浸种法处理（52℃热水中浸泡10分钟），而后浸种杀毒，播种催芽。

在繁殖园的播种区地块，提前整好土地，以备播种。整地时施足基肥，以有机肥为主。做畦，畦面宽 1.2 米，畦沟宽 30 厘米，畦高 20 厘米左右。播种量依砧木品种及种子发芽率和播种方法而异，以枳砧为例，每亩撒播用种量为 40~50 千克，条播用种量为 20~30 千克。播后覆细土或锯末屑 1~2 厘米，以不露出种子为度，浇透水。

当砧木苗高 15 厘米左右且茎干木质化时即可移栽。一般秋冬季播种的在 4 月中下旬移栽，春季播种的在 6 月上中旬移栽。起苗时淘汰根颈或主根弯曲苗、弱小苗和变异苗等不正常苗。移栽到营养钵或育苗田间，应充分浇水，薄肥勤施，精细管理至恢复生长。适当进行浅中耕，保持苗木叶色浓绿。砧木苗期病害以立枯病和根腐病为主，注意观察，及时防治。虫害以蚜虫、潜叶蛾、红蜘蛛和介壳虫等防治为主。

嫁接：接穗从采穗圃中剪取，选树冠外围中上部的老熟、生长健壮、无病虫害的枝条为接穗。接穗须在枝条充分成熟、新芽未萌发时剪取，随接随采。接穗剪下后应立即除去叶片，如果接穗不当天使用，可用保鲜膜包好放阴凉处或冰箱（3~8℃）冷藏。接穗处理好后应系上标签以防混杂。

当砧木苗高 35 厘米左右，主干直径 0.4~0.5 厘米以上时即可嫁接，嫁接高度以离地面 10 厘米左右为宜（图 3-40）。嫁接方法以秋季腹接为主，辅以春季切接。嫁接后的植株应挂上标签，注明砧木和接穗，以免混杂。嫁接前对所有工具和操作员的手用 0.5％漂白粉液进行消毒。

嫁接后管理：苗木嫁接 3 周后，检查成活情况，发现死芽或没接的砧苗应及时补接。春季解绑宜分两步进行，先划开嫁接成活的芽眼处薄膜，露出芽眼以利抽枝，其他部位薄膜仍密封，待新梢抽出并老熟后再将薄膜全部解除。秋季腹接成活的苗木在翌年春季分两次剪砧：第一次在嫁接口上方 3 厘米处剪，后解膜；第二次从嫁接口背面稍斜向剪除多余砧木。

嫁接幼苗摘心与整形主要是确定主干高度，培养一定数量的骨干枝。一般来讲，春梢长 20~30 厘米时摘心，夏秋梢 25~30 厘米时摘

图3-40　小苗切接

心，晚秋梢留3~4片叶时摘心。当苗高40厘米左右时，选留1条直立健壮的枝梢及时摘心定干，促发分枝。分枝抽生后，选留健壮且分布均匀的3~4条分枝作主枝，其余全部剪除。一般浙江在7月定干。定干高度因种类及栽植地而异，橙、柑及橘30~50厘米，柚、葡萄柚和柠檬等50~80厘米。

施肥应掌握“薄肥勤施、少量多次”的原则，原则是春芽期不施或少施肥。待春芽充分成熟后，施腐熟液肥，促夏芽生长。做到培养第一次夏梢，照顾第二次夏梢，猛攻秋梢，控制冬梢。秋梢老熟后严格控水，以防晚秋梢的大量抽生。

苗木生长期要及时防治潜叶蛾、红蜘蛛、溃疡病等病虫害。

出圃：苗木主要在秋季以及春季萌芽前出圃。起苗前充分灌水，抹去所有嫩芽，剪除幼苗基部多余分支。出圃苗木应品种纯，树势壮，根系发达，无检疫性病虫害。出圃时，苗木要尽量带土，少伤根。远途运输时，用湿润苔藓或薄膜带土包缠保湿。苗木出圃时要标记并核对标签，记载育苗单位，出圃数量，定植去向，品种品系，发苗人和接收人签字，入档保存。

2. 定植

（1）定植前的准备。

①品种、品系的安排：现有柑橘品种中，适于山地栽培的有温州蜜柑、椪柑、杂柑类、甜橙类等品种；宜在平原及海涂栽种的有本地早、椪柑、温州蜜柑、杂柑类等品种。在安排品种时，应该早、中、

晚熟品种合理搭配。

②栽植密度的确定：种植密度要依品种、砧木的特性、土质好坏、管理水平、梯面宽度而定。一般山地要比平地种植密些；枳砧木的比枸头橙砧木的种植密些；土层深厚、土质肥沃的坡地可适当稀植。一般成年橘园以行距4~6米，株距2~3米，每亩60株左右为宜。

③苗木的选择：优良苗木必须品种品系纯正，砧穗组合适当，愈合良好，健全粗壮端正，有2~3个分杈，根系发达，无检疫性病虫害。最好选2~3年生大苗定植。苗木要进行分级栽植，壮苗、好苗先种，弱苗、小苗一般可先假植1~2年，待复壮后再带土移栽。

从外地采购苗木的苗数要掌握大于实际需要量的5%~10%，作为预备苗，供日后补植之用。经长途运输的橘苗，除做好包装和运输途中的管理外，松包前须把根部放在水中浸湿1~2小时，然后再松包、分株、定植。

（2）橘苗栽植。

①栽植时期：以春季气温明显稳定回升、橘树尚未萌芽时（3月中下旬）进行栽植为宜。无冻害、秋旱地区也可以在10月份进行秋植。夏季在6月梅雨期也可少量补植。定植时最好选择无风阴天，切忌西北风天气。苗木运到后，应尽快栽植，否则暂放荫处或假植，根部应避免风吹日晒和雨淋。

②种植技术：栽植前适当剪短过长的主根和过多的枝叶。在定植穴底部放入0.5~1.0千克钙镁磷肥和腐熟的有机肥1千克左右，与土壤拌匀，放入苗木。根系向周围舒展，勿使卷曲。然后将所掘表土逐渐填入根隙，嫁接部位应高出土面5~10厘米。用棒捣实填土，随填随捣，填土踏实。不带土的橘苗，要使根系与土壤间不留空隙；带土的要使土团与穴土间紧实密接，然后浇足定根水，再覆松土或盖草保湿。此外，风力较大的海涂和山地，还要立好防风杆，以防风吹摇动，影响成活。

③栽后管理：栽后半个月左右，如干旱无雨，应每隔3~5天浇清水或0.2%尿素液，以保持土壤湿润，促使成活。如遇大风天气，橘苗出现卷叶时，应及时疏去部分叶片，保证树体水分平衡，提高成活率。

（3）大树移植。大树移栽的适宜时期为萌芽前，要点是边挖树、边定植、边浇定根水；尽量保护根系完整，尽量多带土团或土球，尽量去除枝叶，以求栽活。

①时期：移植时期分为春、秋2季进行。春季移植在春梢萌动前的2月中旬至3月中旬进行。秋季移植适于暖冬地区于9月下旬至10月中旬进行。

②移植：提早挖好移植沟穴。春植应当在上一年的秋季挖好；秋植的则在栽前1个月挖好。山地梯田移植沟位置选在梯田外沿的1/3~2/5处，以充分利用田间边际效应。同时在沟穴施足定植肥。每株按腐熟厩肥1.5千克或饼肥0.3千克加磷肥0.2千克与熟土充分拌匀施入。移植前应该对枝叶进行疏剪和回缩，保留骨架和适量枝叶，并充分灌水，以便根系多带土团或土球。植株挖起后，先将损伤的根系用整枝剪剪平，再用稻草、薄膜或编织袋包裹好所带土团。栽植时，先将运输过程中受伤的枝叶和枝叶进行修整，剪除过长的主枝和多余的枝叶，根系多，多留叶，反之则少留。一般剪除量掌握在30%~50%左右。定植时，将根系梳理平直，一层须根一层细土，使土壤与根系充分接触，再覆土、压实，并培一圈土盘，以便浇水。定植后，注意浇水保湿，土壤覆盖，立柱防风，预防冻害及病虫害防治等工作，确保移植成活、早日恢复生长结果。

（三）整形修剪

1. 适宜树形

（1）自然开心形。干高20~40厘米，主枝3~4个，方位角120°，分生角30°~45°，向外斜生。各主枝上配置副主枝2~3个，分生在主枝两侧，分生角60°~70°。每个副主枝上配侧枝2~3个，间距25~30厘米。一般在第三主枝形成后，将类中央干剪除（图3-41）。在主枝、副主枝、侧枝上按20~30厘米均匀配置结果枝组。这种树形修剪量少，成形

图3-41　自然开心形

快，结果早，易丰产，特别适合温州蜜柑等喜光的品种。

（2）自然圆头形。主干高25~35厘米，主枝3~5个，分2~3年培养形成。幼树期先培育一层主枝3个，方位角120°，分生角40°~50°左右，以后在中心干上再培育一层2~3个主枝，上层主枝与下层主枝错开，不重叠。各主枝上配置副主枝2~3个，分生在主枝两侧，分生角60°~70°，每个副主枝上配置2~3个侧枝和多个结果枝组。每个侧枝按25~35厘米蓄留结果枝组（图3-42）。这种树形适应柑橘自然结果习性，容易成形，培育要求不高，修剪量少，投产快，结果早，适用于本地早、蜜橘多数柑橘品种。但是，随着树龄的增大，容易出现树冠郁闭，所以要视树冠郁闭情况，采用大枝修剪法，剪或锯去中心直立大枝，使树冠开心。

图3-42　自然圆头形

2. 整形方法

自然开心形主枝开心排列，树冠各部均有侧枝分布，内膛饱满，整个树冠凸凹面大，侧枝多，绿叶层厚，是优质丰产园的理想树形。以温州蜜柑为例，其整形方法如图3-43所示。

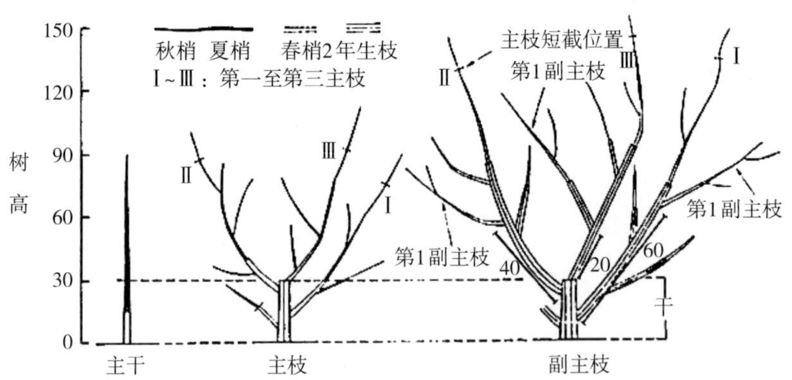

图3-43　温州蜜柑自然开心形整形方法（单位：厘米）

（1）主干。苗木定植后，离地面 40~50 厘米短截，抹除 25 厘米以下的分枝和萌芽，保持主干高 25~35 厘米。

（2）主枝。在整形带内，主干离地约 25 厘米以上处，选留生长强壮，分布均匀，相互有 8~15 厘米间隔的新梢 3~4 个，短截先端 1/3，并拉枝调整作为主枝培养，主枝分枝角度 35°~45°。翌年春季在主枝先端选育健壮延长枝，短截或疏去周围竞争枝，促使延长枝向前方斜向伸长。如果第一年主干抽发的强壮新梢不足，只能培养 1~2 个主枝，可以将剪口枝扶直、短截；翌年继续选留第二、第三主枝，待三个主枝配齐后，剪去树冠中心主干，或将其拉向一边，作为结果枝组，即成三主枝开心形基础。

（3）副主枝、枝组。在各主枝上配置副主枝 2~3 个，第一副主枝距干高 20~60 厘米，副主枝间的上下间隔 50 厘米，方向相互错开。再在主枝和副主枝上配置侧枝和枝组，自然开心形应多培养大小枝组。这些枝组既可制造养分，生长结果，又可起到遮阳防晒、防止枝干和果实遭受日灼的作用。但要注意，在主枝上抽生直立旺长的强枝或徒长枝，容易趋光向中心直立生长，形成新的中心主干，破坏树形，应及时剪除或用拉枝、扭枝等技术将其拉、扭成斜生或水平枝，培养成结果枝组。枝组逐年结果衰老的，应及时回缩修剪复壮，保持健壮生长结果。

3. 修剪方法

（1）修剪时期。修剪可分为休眠期修剪和生长期修剪。柑橘为常绿果树，无明显休眠期，在生产上把采果后至翌年春季萌芽前作为相对休眠期，其他为生长期。相对休眠期地上部分生长基本停止，生理活动减弱，此时修剪养分损失较少，能协调生长与结构的平衡，使抽生的春梢生长健壮，花器发育充实。但是浙江冬季有柑橘冻害风险，因此修剪重点是霜冻期过后的 2—3 月春季修剪，夏季抹芽控梢和秋季剪除晚秋梢都是次要修剪。

①春季修剪：主要修剪方法包括：短截内膛直立旺枝促分枝，充实内膛；短截夏秋梢结果母枝先端部分，减少花量，提高坐果率；短截二、三次梢，降低分枝部位；疏剪密生枝、细弱枝、枯枝、病虫枝等，增强通风透光；疏剪徒长枝，平衡树势，维持树体结构；疏剪大

枝，调整树冠结构，改善通风透光条件；需要更新复壮的老树、弱树，也要在春梢萌动时回缩修剪，重剪后新梢抽发多而壮，树冠恢复快。

在春梢抽生现蕾时，进行春季复剪。目的是调节春梢和花蕾及幼果的数量比例。疏除树冠顶部所有春梢及中外围的过多春梢，是防止春梢抽生过旺，减少落花落果的有效措施，在生长较强的温州蜜柑上使用效果很好。对花量较多的树再次疏剪成花母枝，可减少过多的花朵和幼果数量。

②夏、秋季修剪：春梢抽生后至采果前的整个生长期内，柑橘植株生长旺盛，生长量多，生理活动活跃，修剪后反应快，一般修剪宜轻；主要的修剪工作是抹梢、疏梢、摘心、疏果、环割、弯枝、拉枝、断根等。夏季修剪指5—6月第二次生理落果前后的修剪，包括：幼树抹芽放梢培育骨干枝；结果树抹除夏梢减少生理落果；对过长的春夏梢留25~30厘米摘心，培育健壮枝；对直立大枝或徒长枝采用拉枝、扭梢等处理促花。秋季修剪指7月定果后的修剪，包括：抹芽放秋梢，培育多而健壮的秋梢母枝；疏除密弱和位置不当的秋梢，以免母枝过多或纤弱；到晚秋时，剪除树顶上的十月梢等。隔年结果模式栽培的温州蜜柑等品种，在不结果年的7月份要进行重修剪，促发8月梢。

（2）修剪的步骤。

第一步：修剪前，先观察了解全园的全树的生长情况和产量，并考虑品种和树龄大小，然后决定修剪的方式和修剪量。

第二步：先锯除过多或重叠的主枝、副主枝、大枝，再处理枝组及枝梢。

第三步：以主枝为单位，修剪从上到下，从内到外进行。

第四步：及时保护较大的剪口和锯口。

第五步：剪后检查，如有遗漏，及时补剪。

（3）传统修剪法。

①疏删：是一种去弱留强的修剪方法，是将密弱枝、丛生枝、病虫枝、徒长枝、或多余的枝梢自基部整个剪去（图3-44）。疏剪后减少了树冠内的枝条数量，改善了树冠的光照条件，同时又使剩留的枝梢获得更多养分供应的机会，因而可提高产量。如果树势过强，也可

疏剪强枝，以抑制或削弱枝梢的生长势。

②短截：将一年生枝条剪去一部分，保留基部一段，称短截。一般剪在壮芽处，促使壮芽抽壮梢；通过对剪口芽方向的选定，可以调节未来大枝或侧枝的抽生方向和强弱。短截可以加强营养生长。

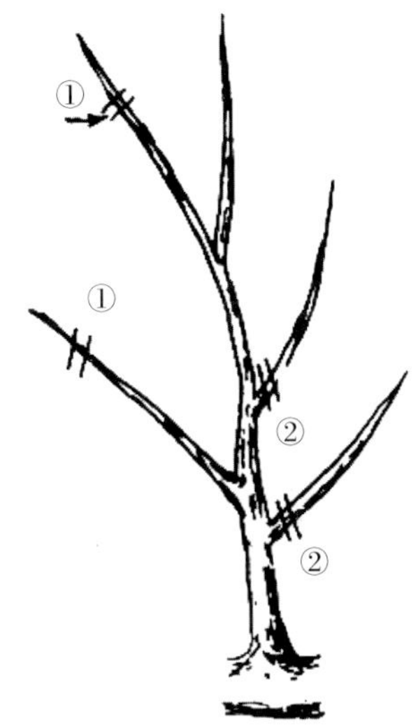

图3-44　短截疏剪示意图
①短截修剪　②疏枝修剪

③回缩：剪除多年生枝梢先端衰弱部分，是一种重度短截。多用于侧枝的更新和大枝顶端衰退枝的更新修剪。回缩越重，剪口枝的萌发力越强，大枝更新效果越明显。回缩时，应选留强壮的剪枝，并疏剪或短截剪口枝上的弱枝和其他枝梢，以减少花量，确保枝梢复壮。

④抹芽：在夏、秋梢抽生枝1~2厘米时，将嫩芽抹除，称抹芽。抹芽的作用与疏剪相似。由于夏、秋梢零星陆续发生，对初发生的夏、秋梢经多次抹除后，按要求的时间，不再抹除，统一放梢，使抽梢整齐，便于病虫害防治。

⑤摘心：在新梢伸长期，根据需要保留一定的长度，摘除先端部分，叫摘心。其作用相似于短截。摘心能限制新梢伸长生长，促进增粗增长，使枝梢组织充实。

⑥拉枝：用绳索牵引拉枝，竹棍撑枝，石块等重物吊枝等方法（图3-45），将大枝改变生长方向，以符合整形要求。该方法适用于幼树整形和徒长枝的利用。

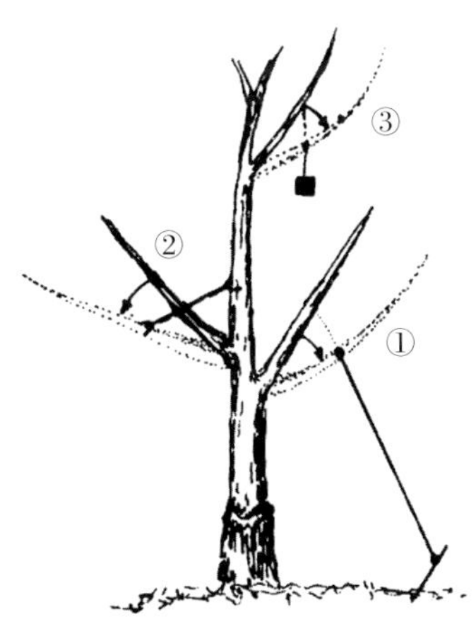

图3-45　拉枝示意图
①拉枝　②撑枝　③吊枝

（4）省力化的大枝修剪。源于日本的大枝修剪主要是以锯除树冠内部直立性的主枝、副主枝级大枝，开出

“天窗”为主，辅以对留下的其他枝条做少量修剪，把树冠培养成自然开心形的技术。修剪对象主要适用于7~8年以上的成年园，树冠郁闭的橘园效果更佳。大枝修剪的时间一般在2月初至3月中旬。大枝修剪简便易行，操作容易，比传统的精细修剪法提高功效6~10倍。

①树形清晰：操作者要树立大枝修剪后成自然开心形的概念，按自然开心形的要求去除大枝（图3-46）。

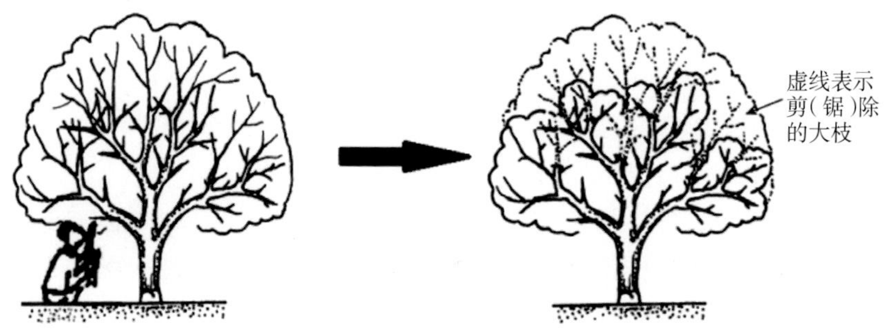

图3-46　大枝修剪

②锯大枝：操作者钻入树冠下部，仰头扫视树冠周围，确定方位合适的3~4个大枝作为主枝保留，与主枝竞争的其余直立性或过密交叉重叠的大枝用锯截除，每主枝上配置2~3个分枝角度大于45°的粗枝作为副主枝，把主枝上直立性强、与主枝竞争的过密粗枝锯除，再剪去病虫枝、交叉枝、衰弱枝，相邻树间的交叉枝回缩。根据树体大小分年实施，修剪量掌握每株树每年截除主枝级大枝不超过1~2个，副主枝级大枝不超过2~4个。大年树和弱势树剪除的枝叶量为全树的1/4~1/3，小年树和强势树为1/6~1/5。

③保护伤口：锯口面要下倾，用利刀削平，涂上伤口保护剂，防止积水霉烂，促进愈合。

（5）各种类型树的修剪。

①幼年树：以轻剪为主。选定类中央干延长枝和各主枝、副主枝延长枝后，对其进行中度至重度短截，并以短截程度和剪口芽方向调节各主枝间的生长势平衡，运用拉枝方法将直立性枝条拉成45°角左右，以缓和树势，加快树冠形成。轻剪其余枝梢，避免过多的疏剪和重短截。除适当疏删过密枝梢外，内膛枝和树冠中下部较弱的枝梢

一般均应保留。剪去所有晚秋梢。

②初结果树：继续选择和短截处理各级骨干枝延长枝，抹除夏梢，促发健壮秋梢。对过长的营养枝留 8~10片叶及时摘心，回缩或短截结果后的枝组。剪去所有晚秋梢。秋季对旺长的树采用环割、断根、控水等促花措施。

③盛果期树：及时回缩结果枝组、落花落果枝组和衰退枝组。剪除枯枝、病虫枝。对骨干枝过多和树冠郁闭严重的树，可用大枝修剪法修剪，锯去中间直立性骨干大枝，开出“天窗”，将光线引入内膛。对当年抽生的夏、秋梢营养枝，通过短截或疏删其中部分枝梢调节翌年产量，防止大小年结果。对无叶枝组，在重疏删基础上，对大部分或全部枝梢做短截处理。一般树高控制在 2.5 米以下。

④大年、小年树的修剪：

大年树：大年树为当年结果多的树，要注意为下一年结果留好预备枝。一般有 3种留法：一是上年采果后留下的枝条不加修剪，当年其上抽发的春梢营养枝，一般能成为下一年的结果母枝；二是对全树夏秋梢的 1/3~1/2数目枝条进行强短截，剪口在夏梢基部至中部，使其抽生明年的结果母枝；三是将部分二年生枝上丛生的多数春梢删除，促使其抽发强壮的营养枝成为明年的结果母枝。

小年树：大年采果后树势衰弱，优良的结果母枝少，所以小年树修剪宜轻、宜迟，到 3月底 4月初肉眼能辨别花蕾时进行，应尽力保留花枝，使当年多结果。对上年结果后留下的大量果梗枝应按下法进行整理：一是对只着生果梗枝的二年生枝，应将其上的果梗枝从基部剪除；二是果梗枝下方有短营养枝的，剪去其上方的果梗枝，使留下的短营养枝当年有希望结果；三是果梗枝下方有强壮营养枝的，除留强壮营养枝当年结果外，将果梗枝短截 1/3~1/2，使其当年抽生营养枝，成为明年的结果母枝。

⑤衰老树的更新修剪：衰老树指结果多年、树龄大、树势衰退的老龄树。这种树的更新修剪应减少花量，甚至舍弃全部产量以恢复树势。首选采用大枝修剪法锯除直立和重叠交叉大枝，然后进行更新修剪，促发的夏秋梢进行截强、留中、去弱的处理。更新后能迅速恢复树冠生长和结果能力才有经济价值。更新修剪要根据其衰老程度，采用不同的更新修剪方法。

局部更新：是分年对主枝、副主枝和侧枝轮流重剪回缩或疏删，保留树体主枝和长势较强的枝组，尽量多保留大枝上有健康叶片的小枝，每年春季更新修剪一次，分2~3年完成。

中度更新：当树势衰退比较严重时，将全部侧枝和大枝组重截回缩，疏删多余的主枝、副主枝、重叠枝、交叉枝，保留主枝上健康小枝。这种更新要注意加强管理，保护枝、干，防止日灼，2~3年可恢复结果。

重度更新：是在树势严重衰退时，将距离主干100厘米以上的4~5级副主枝、侧枝全部锯除，仅保留主枝下端部分。这种更新方法用于密植郁蔽园的改造，冻害树的恢复修剪效果显著。

（四）花果管理

1. 保花保果

（1）促进花芽分化。形成花芽的基本条件是树体内积累足够的有机营养物质，树液浓度高，合成大量的促进开花的激素，适宜的外界低温、干旱和光照条件。因此可根据树势采取相应的措施促进柑橘多开质量高的花。

对生长衰弱树，要及时施足肥料，以供应氮、磷、钾、钙、镁等元素；修剪适当提早，要重剪，短截为主，促生良好的春、秋梢。冬季喷营养液2~3次，促进树体健壮，使花、果逐年增多。

对生长过旺的少花树，要控制氮肥，增加磷、钾肥；修剪可稍迟，以疏删为主，多删大枝、大梢，夏季抹芽摘心，以抑制其营养生长，促使春、秋梢短壮；冬季喷0.2%磷酸二氢钾溶液3次左右；对部分强枝可于9月间用快刀环割1~2圈，切断韧皮部，或用铁丝环扎，到翌年春季解除，以促使花芽形成。此外，冬季花芽分化期控制水分，使土壤干燥，或适量断根，以提高树液浓度，有利于花芽分化。

对大小年结果明显的树，可按照一定的叶果比，在大年进行合理疏花疏果，促进小年多开花多结果。

此外，可喷施植物生长抑制剂，促进着花。据报道，9月中旬喷施92%丁酰肼可溶性粉剂2 000~4 000毫克／千克，或喷矮壮素1 000~2 000毫克／千克，可提高温州蜜柑着花；6月上旬对温州蜜柑、10月中旬对椪柑喷施500~1 000毫克／千克的多效唑能显著促进翌年成花。

（2）控梢保果。

①人工抹梢：修剪控花的原理是基于减少结果母枝的数量，减少结果枝，增加营养枝，使结果枝与营养枝之比变小。而在柑橘幼果发育期，氮肥施用量大而且雨水多的年份，春、夏梢往往会过于旺长，控制枝梢生长，对防止或减少梢果矛盾效果明显。在小年，春梢抽生较多，会加重落花落果，旺梢时可疏去1/3~3/5的春梢营养枝，或在春梢展叶，长度2~4厘米时，留4~6片叶摘心。

全部抹除在第二次生理落果结束前抽发的夏梢，或仅留基部2片新叶进行摘心。在生理落果期6—7月，多次抹除夏梢新芽或留2片叶摘梢，到生理落果停止后统一放梢。放梢时间因品种而异，一般温州蜜柑、椪柑等在7月上旬，本地早在7月下旬，甜橙类在7月底至8月初。如果放梢时间过早，不利于稳果，而且会抽晚秋梢，放梢过迟则养分损失过多，枝梢不充实，影响翌年高产。

②化学控梢：用人工抹芽控梢，耗工量大，也难以及时进行。目前已对多种抑制剂进行了比较试验，证明有一定的效果。如青鲜素抑梢效果良好，但也会抑制果实发育，出现大量小型果，甚至变成僵果。用500~750毫克/千克调节膦在温州蜜柑夏梢萌发前后3~4天喷施，能抑制夏梢萌发和枝条伸长，使节间缩短，但不能连用2年以上，否则会抑制过度。在夏梢发生初期，喷施2 000~4 000毫克/千克矮壮素能使夏梢提早一周结束生长，减少夏梢的抽生，并抑制其伸长生长。目前比较常见的是在夏梢萌发前后3天左右，用500~1 000毫克/千克多效唑对本地早、椪柑、甜橙等品种喷施，可抑制夏梢的抽生和生长，使节间缩短，并有促进成花的作用。但是上述药剂处理还不能完全取代人工抹芽控梢。

（3）根外追肥。对生长衰弱、营养不足或开花多的树，可通过叶面喷施营养液的办法，迅速供给叶、花、果生长发育所需的养分，达到保果目的。

自花蕾期或谢花期起，每隔10~15天，用0.3%~0.5%尿素，或0.2%磷酸二氢钾水溶液喷1次，连喷2~3次，或两种溶液混合喷洒；也可用2%草木灰和1%过磷酸钙浸出液等叶面肥连喷2~3次。山地红黄壤橘园易缺硼，可在上述混合液中添加0.1%硼酸或硼砂，或花期单独喷0.1%~0.2%硼酸或硼砂1~2次。滨海盐碱地橘园易缺锌和锰，可在尿素和磷酸二氢钾溶液中加0.2%硫酸锌和硫酸锰，或单独喷0.2%硫酸锌，或喷0.2%硫酸锰溶液。

（4）生长调节剂。用于保花保果的植物生长调节剂有赤霉素、细胞分裂素、2，4-D、防落素等。

赤霉素是目前使用较多且效果较好的生长调节剂。特别对无核、少核品种如本地早、温州蜜柑、脐橙、普通甜橙等，保果效果明显。一般在谢花2/3或第一次生理落果末期，用赤霉素50毫克/千克浓度的溶液整株喷施，隔半个月左右再喷1次；或用100~200毫克/千克浓度的溶液涂幼果，能显著提高坐果率。但在进入果实膨大期后使用或使用次数太多，则会使果实成熟推迟、果皮增厚，风味下降；还会促进新梢节间的伸长生长，抑制花芽分化。

细胞分裂素加赤霉素涂果。细胞分裂素防止第一次生理落果的效果显著，但不能防止第二次生理落果，而赤霉素却能显著地抑制第二次生理落果。所以在谢花后7天左右，用细胞分裂素200~400毫克/千克加赤霉素50~250毫克/千克的混合液涂幼果1次，能有效地减轻生理落果，特别是对无核品种，增产幅度更大。

（5）环剥、环割。环剥是用刀或特制的剥皮器在枝干周围以一定的间隔环切两圈，切断皮部，剥去其间树皮的作业。环剥适合于花量多而又不结果或少结果的健旺橘树，对象一般是结果性能较差或结果不稳定的品种，如本地早、温州蜜柑的中晚熟品种、脐橙等。幼树不宜环剥。环剥时间在花谢2/3时，少花树略早，多花树稍迟。环剥选择全树1/3~1/2的副主枝或侧枝，用嫁接刀在离枝梢基部5~10厘米处割2条环形的圈，环剥宽度取决于枝条粗度，本地早蜜橘的环剥宽度和枝干直径比例是1∶13~14，脐橙类是1∶10~11。刀口深度以切断皮层，不要伤及木质部，剥去皮层。如环剥不当，伤口过深或过宽的，用薄膜包扎，保持湿度，加速伤口愈合。对环剥树加强肥水管理，因结果量增多，酌量增施肥料和根外追肥次数。

环割是在干或枝的周围割一圈或数圈，而不剥树皮的作业。其作用在于暂时截流营养物质于地上部，利于花芽分化或提高着果率。环割多在幼树上进行，在花谢2/3时割一次，过10天后再割一次。操作简单，效果也好。

（6）拉枝、撑枝、扭梢保果。拉枝、撑枝、扭梢的作用都在于开张角度、削弱顶端优势，缓和树势，以利于花芽分化和结果。拉枝是用绳或铅丝把直立枝拉开；撑枝是用棍棒把骨干枝撑开，其开张角度要大于45°，在冬季花芽分化期进行，经过一个生长季节待基角固定时，或在生理落果结束后，去掉棍棒或拉绳。扭梢是在花芽分化前，把生长旺盛的直立长梢，自基部3~5厘米处轻轻扭转成半圆状，使之下垂生长。

2. 控花疏果

（1）控花。柑橘花量过大，会消耗树体大量养分，且结果过多又会使果实偏小，降低果品级别，并使翌年花量不足而形成小年。尤其柚类生产中以大果型而售价高的品种，需要采取控花措施，使柑橘花量适度，以提高花果的质量。目前，在生产上主要是采用适当的修剪来控制花量，也有采用喷施赤霉素等控花。

①人工控花：可通过人工修剪，减少结果母枝的数量，减少结果枝，增加营养枝，使结果枝与营养枝之比变小。春季修剪，连枝带花疏去部分过密枝梢，使之通风透光，提高坐果率。对有叶结果枝过多的结果母枝，疏去（短截）部分有叶结果枝。6片叶以上的强春梢，常因其生长势强，不易形成结果母枝，可保留作预备枝。

在盛花期、谢花末期分别进行两次摇花，摇去畸形花、授粉受精不良的幼果及花瓣，减少养分消耗。柑橘大年花量多，特别是无叶花多，因此来年作为结果母枝的枝梢发生少。在大果型的温州蜜柑栽培上，需要对生长过旺的5片叶以上的新梢顶端的有叶花进行疏蕾。

通常在冬季修剪时要考虑是否需要控花的问题，对翌年可能花量过大的植株，修剪时应以短截、回缩为主，使之翌年抽发营养枝。花量较多时，花期补剪，适量剪去花枝。强枝适当多留花，弱枝少留或不留；有叶花多留，无叶花少留或不留；抹除畸形花、病虫花等。

②药剂控花：药剂控花也有很好的效果，在柑橘花芽生理分化期，喷施赤霉素20~100毫克/千克溶液1~3次，每隔20~30天喷施1次，能抑制花芽的生理分化，明显减少花量，增加有叶花枝，减少无叶花枝，且效果稳定，是一些柑橘产区抑制大年花量的措施之

一。但应用此法的技术难度较大，常难于恰如其分地控制合适的花量。至于对小年树、弱树，为加强其营养生长，不让其开花是较易办到的。

赤霉素能有效地抑制宽皮柑橘和甜橙的花芽分化，可用于控温州蜜柑大小年。据报道，以5~7年生枳砧宫川温州蜜柑为试材，大年树于1月中旬树冠喷施赤霉素100毫克/千克、200毫克/千克溶液，并设对照喷清水。结果表明，1月中旬喷赤霉素的2个处理，均能有效地抑制开花数，分别减少花量41.3%和48.1%，可明显提高花的质量，同时有叶花与无叶花的比值明显较对照高。

（2）疏果。由于疏果的效果随疏果时期、疏果方法的不同而异，不同品种的果实品质优劣又因果实大小而有差异，所以要求灵活应用疏果技术，实现优质稳产。

①疏果时期与效果：

开花期疏花蕾：虽然疏花蕾花费人工多，但是不同枝条全疏花蕾，可高效确保预备枝，如对青岛温州蜜柑、红美人柑橘等品种进行有叶花疏蕾是很有效的。

早期疏果（7月至8月上中旬）：有利于果实肥大、发芽发根；可有效防止隔年结果。

后期疏果（早熟品种于8月中下旬，中晚熟品种9月）：有利于提高果实品质，促进翌年着花。

此外，任何品种，后期（9月份）疏果都可以有效提高糖度，而且树上选果的效果很好，所以要充分进行疏果。疏果时期和疏果量随不同品种、着果量、树势而定。

②疏果方法与适用品种：

全面均匀疏果：光合产物向果实积蓄的比率大，夏季疏果可促进果实膨大，秋季疏果有利于提高糖度。如椪柑、杂柑、橙类、柚类等，因此早期疏果（6—7月）要采用均匀疏果的方法。

局部全疏果：可以抑制果实膨大，维持树势，减轻隔年结果。如早熟温州蜜柑、本地早等宽皮橘，因果实变大而品质下降，所以要采用局部全疏果的方法。

温州蜜柑、本地早等品种，也可适用交替轮换结果，结果大年生产出中小型果实，可高价销售，因此即使两年结果一次，经济效益仍可与连年均匀结果不相上下。

③疏果步骤：一般经过粗放疏果、精细疏果、树上选果等3次疏果。

前期粗放疏果：早期疏蕾、疏花的效果要比疏果好，但是由于早期花多，很费劳力，而且以后着生的新梢上也往往会着生花，如不再次进行疏果，很难达到预期的目的，所以倒不如粗疏果较为实用，粗放疏果一般在落果率接近90%左右时进行。早熟温州蜜柑大致在盛花后30天，即6月中旬至下旬，中、晚熟温州蜜柑约比早熟温州蜜柑迟10~15天。此外，还因各地气温而异，温度较高的地区要相应提早进行。

疏果方法应根据不同品种对果实品质的要求选用。一是全面均匀疏果。就是将应留的果实均匀地分布在整个树冠中，疏去多余的果实。这种方法较费力，留下的果实果形较大。二是局部全疏果。分为部分枝条全疏果和局部树冠全疏果。部分枝条全疏果就是在一株树上选择一部分幼果多、结果性能好的枝条，让其大量结果，将其他枝条的果实全部摘除，作为预备枝（图3-47）。局部树冠全疏果，是将大

图3-47 局部枝条全疏果

年树的树冠顶部（占整个树冠1/3左右）的果实全部疏除（图3-48），疏除的果实多为日灼果等劣质果，还有利于维持树势，确保连年结果。这种方法操作方便，花工少，果实大小中等，糖度较高，品质要比全面均匀疏果的好，但在抽梢期要注意蚜虫和潜叶蛾的防治。三是疏果量。以整株树而言，最终的留果量（叶果比）应该是基本相同的。这时由于果实还小，重点是疏除着果过多的树冠上部、树冠外围的果实，一般按最终留果量的150％进行疏果。着果多的树要疏去全树的近一半果实。

图3-48　树冠上部1/3全疏果

精细疏果：一般早熟温州蜜柑等早熟品种在7月下旬，普通温州蜜柑、晚熟品种在8月，即在果径4厘米左右，着果量、结果部位、果实大小和形状等能看出明显差异时进行。这次疏果对采收时的果实外观和品质有很大影响。

首先要疏去伤残果、畸形果、日灼果、病虫害果，然后疏去劣质果，果梗较细、朝下（下垂）的果实一般糖高酸低品质优良，而且充分膨大后果实大小中等。果梗粗度在7月下旬以后几乎不再增加，所以可用果梗粗度、果实朝向、果实大小3个因子作为果实优劣的判断标准，即疏去果梗粗的、果实朝上的、果型过大或过小的果实。

在水平枝或下垂枝上，可按叶果比（25~30）∶1进行疏果。在斜生枝或直立枝上，果梗细的、朝下的果实品质较好，应予以保留，但是斜生枝和直立枝上以果梗粗的、朝上的果实居多，如果疏果过早、过多，留下的果实往往变成粗皮大果。所以要根据着果量和果实发育情况，先进行轻疏果，进入8月下旬至9月后，斜生枝和直立枝上下垂的果实增多，这时可根据果梗粗度和果实大小再进行疏果。对其他部位也应视果实发育情况再次疏果。精细疏果最好分2次完成。

树上选果：主要是除去过大、过小的果实，在果实膨大基本停止后进行。一般早熟温州蜜柑在9月20日以后，中、晚熟温州蜜柑在10月以后进行，根据S级（果实下限横径55毫米）和2L级（上限横径80毫米）标准，用木板或塑料板开2个圆孔制成疏果尺，将能通过S级圆孔的小型果和通不过2L级圆孔的大型果摘除，保留S级至2L级范围的果实。当然，不同品种的果实大小等级标准是不同的，疏果时应注意区别对待。

经过上述粗放疏果、精细疏果、树上选果等3次疏果后，要求最终叶果比大致调整为：早熟温州蜜柑（30~35）∶1，中、晚熟温州蜜柑（20~25）∶1，本地早蜜橘（70~80）∶1，椪柑（70~90）∶1，脐橙（50~60）∶1，柚（200~250）∶1，红美人100∶1，天草（70~80）∶1，甘平80∶1。也可根据目标产量确定每株树的留果量后进行疏果。弱树则应适当提高叶果比。

3. 预防裂果

（1）裂果发生的原因。水分供应变化剧烈是裂果发生的主要原因，夏秋高温时正处果实迅速膨大期，如果缺水或遇到久旱又未供水，不但果实生长缓慢，叶片还要向果实夺取水分，甚至使果实停止“发水”膨大，果实僵硬。在这种情况下，若突遇大雨或大量灌水，树体根系吸收大量水分，果实汁胞迅速膨大，向外扩张，而果皮细胞生长缓慢，薄的果皮抗不住果肉组织中瓢囊膨大的压力而开裂。无核品种，例如温州蜜柑、脐橙、玉环柚、甘平等，容易发生裂果，有种子的品种相对不容易发生裂果。

（2）裂果的预防。若能在高温干旱季节前提早采取相应措施，则可大大减少裂果的发生。

①选育和选用优良品种：如能选育出耐高温果品种，或使膨大期避开高温、干旱季节的特早熟和晚熟品种，则可减少裂果的发生。

②加强水分管理：建立健全排灌系统，不但要使沟渠畅通，使雨季能及时排除园内积水，并且应在果园上坡或园内开挖大小水塘、水池、水坞、竹节沟等蓄水抗旱，以便在高温干旱季节能有充足的水源，满足漫灌、浇水、喷洒的需要。

在梅雨季过后对园地进行全面松土，以便切断土壤中的毛细管，大量减少土中水分蒸发，有利减少裂果、落果。夏、秋干旱时进行灌水，以保障土壤持续地向植株提供水分。在相同灌水量的情况下，减少每次灌水量，缩短灌水时间间隔，增加灌水次数。

③合理施肥：对于当年结果数量大，且往年也有严重裂果落果现象的橘园，在施壮果肥时少施磷肥，适当多施钾肥和氮肥（旺树要控制氮肥），以增强树势、充实果实组织、增加果皮的厚度和坚韧度。此外，在果实膨大期，每隔 15 天左右在叶面喷洒一次 1%~2% 草木灰浸提过滤溶液，或在草木灰过滤溶液中加 1% 石灰水混合液进行喷洒，或喷高钙液肥，可以增厚果皮、增加韧性、降低裂果数量。另外，改善土壤理化性质，提高土壤保水性；改良施肥方法，采用沟施或穴施，增加根系深度，也可避免水分供应发生急剧变化。

④园地覆盖：在完成园地全面松土、施肥后，及时用稻草、青草或秸秆等覆盖园地，厚度 10~15 厘米，并压少量碎土，以免风吹草动。可起到降温、保湿和防草作用。

⑤改良土壤：增施有机肥，生草栽培，提高土壤有机质，有利于减轻裂果的发生。

（五）高接换种

柑橘高接换种指将原有柑橘品种或实生树的枝条改接成其他优良品种的一种技术，它具有品种更新快、提早结果等优点，是柑橘品种更新的一条捷径。高接换种管理得当，可以达到一年成活，二年成冠，三年丰产目标。

1. 基本要求

（1）品种亲和性良好。高接换种首先要注意被换种的柑橘树与需要改换的优良品种之间亲和力。它将影响到接穗品种与被换品种之间的营养物质的运输，从而影响其生长势、品质和产量。研究表明，不同柑橘种类之间嫁接是否亲和与其在分类学上的亲缘关系远近有关。一般来说，同一类换上不同的品种亲和力较好，如迟熟温州蜜柑高接早熟或特早熟温州蜜柑品种。不同品种高接需要经过多点试验成功后，才可推广应用。实践表明，槾橘树高接本地早或温州蜜柑，本地早树高接温州蜜柑、红美人、葡萄柚等都有良好的亲和性。而当高接表现出不亲和时，会对高接树的生长、丰产性、果实品质等产生不良影响，嫁接口处常有瘤状突起，出现坏死，严重的会导致植株死亡。如文旦树高接温州蜜柑表现生长缓慢，叶色不正常，长势又差，亲和力不好，所以不宜采用。

（2）树龄不宜过大且生长强健。以树龄 15 年生以下植株较适宜，嫁接成活率高，树冠恢复快。一般要求不超过 20 年生。20 年以上树龄的柑橘应更新后再高接。树龄大又衰弱的树不适宜高接。

（3）高接部位及接芽数量适当。柑橘高接换种要兼顾树形结构，尽可能降低嫁接部位，高接部位以选择 0.5～1.5 米的范围内进行，如按自然开心形树形，应保留 3～4 个分布均匀、直立的健壮主枝或粗侧枝作为高接枝，将其余的枝干全部截去。10 年以下的幼树或初结果树，可以接 10～15 个芽；树龄在 10～20 年柑橘树可以高接 15～20 个芽。

2. 高接方法

高接换种的方法分切接、芽接或腹接。一般春季 3—4 月用切接法和腹接法，以切接为主，结合切腹接。秋季高接最佳时期是 9—10 月，高接采用芽接法和腹接法。

（1）切接法（图 3–49、图 3–50）。

①切砧：将选作嫁接面上的剪口外缘斜削去一小块，然后沿形成层垂直或稍微向内切下，切口长约 1.3 厘米，不带木质部或上部显现木质、下部稍带木质。

图3-49　大枝切接插接穗

图3-50　接穗抽发新梢

②削接穗：选有饱满芽的枝段，在芽下方1.5毫米处用刀削一长削面，即用刀平削1刀，削面长1.4厘米左右，深度以达到形成层为准，留青见白。在长削面下端相反的一面，以45° 角削断接穗（短削面），最后在芽上方0.2~0.3厘米处斜削1刀，将接穗削断，放入干净水中或干净的湿毛巾内包住备用。

③插接穗：将接穗长削面向内，插入砧木切口，如接穗与砧木纵切口的切面大小不一，要偏靠一边，使砧、穗的形成层对准，并使接穗长削面露出1~2毫米。

④包扎薄膜：包扎多采用长25~30厘米、宽1~1.5厘米的聚氯乙烯塑料薄膜带，以嫁接处为中心，自下而上绑紧，封严伤口，露出芽眼即可。

（2）芽接法（腹接法）（图3-51）。

图3-51　内膛腹接

①砧木削皮：在高接枝平滑的一侧，自上而下削1刀，深达形成层，长1.5厘米左右，将削皮切除2/3，保留下端1/3，以便承插接芽。

②削芽：自接芽上方约0.5厘米处向芽下方直削1刀，削面

长1.4厘米左右，微带木质部，再在芽下约0.6厘米处斜削1刀将芽片取下，放入干净湿毛巾中备用。

③嵌芽：捏住接芽的叶柄，将芽片嵌合在砧木削口中央，注意使两者形成层贴合。包扎薄膜先扎中下部，稳定芽片位置，再扎上部。夏季和早秋（8月下旬）嫁接，要露出芽眼。晚秋（9—10月）嫁接，应将接芽全部封闭，不露芽眼，包扎完后打个活结即可。

3. 注意事项

（1）嫁接时天气选择。春季高接，应在暖和无大风的晴天进行，避免在早晚气温太低时嫁接，嫁接时要用湿毛巾包好接穗，避免风吹日晒，如土壤干旱，应在嫁接前7~10天结合施肥充分灌水1次，以保证成活率。夏、秋季气温高，避免在中午阳光强烈时嫁接。

（2）嫁接时截干方法。锯大枝时，宜用手锯，先在枝的下方浅锯小半圈，然后自分叉点上部微斜向下部切下，以避免折裂使伤口不愈合；枝干剪锯时要注意断口处平滑，切忌撕裂皮层和木质部。对大伤口，要用利刀削平，并用薄膜包扎，或涂凡士林250克加多菌灵5克，或黄油100克加硫菌灵2克等保护剂，以防水分蒸发，促进愈合。

4. 高接后的管理

（1）检查成活。高接后15~20天检查成活情况。没有成活的要及时补接；晚秋芽接未活的，可在翌年春季补接。

（2）解除薄膜。切接的应在接穗新梢老熟木质化时才能解膜。解膜过早，愈合不牢固；过迟，则造成缢痕，影响生长。

（3）剪砧。秋季芽接的，于翌年3月份萌芽前从接芽上方1~2厘米处剪除砧木。春、夏和早秋芽接的，可行二次剪砧。

（4）除萌。高接后由于树体养分充足，砧木与中间砧上常抽发大量萌蘖，应除去离接芽15~20厘米范围内的砧芽。下部的砧芽除徒长枝外，一般保留作辅养枝。

（5）摘心和固定。接穗新梢生长到20~30厘米时，要加以摘心，促发分枝，并使基部生长粗壮。同时用小竹竿将接穗新梢固定住，防大风折断新梢。

（6）刷白。对高接后裸露的枝干，要在5月下旬夏季高温来临前进行刷涂白剂保护，防止日灼；在11月份冬季低温来临前刷涂白剂预防冻裂。

（7）疏花疏果。高接第1年，以扩大树冠为主，如接穗新梢上出现花蕾，应及时摘掉，以减少养分消耗。为了维持树势，高接次年不结果，第三年结原有产量的50%左右，第四年恢复正常产量。

除以上需要注意的外，还应该加强肥水管理与病虫害的防治工作。

（六）设施栽培

柑橘设施栽培是指在某些人工控制的环境中进行栽培，对果实具有促进成熟、提高品质、丰产稳产等作用，可延长柑橘新鲜果实上市期，有效地提高果实品质，固酸比和糖酸比较高，果肉极易化渣，风味口感特佳，果皮色泽鲜艳，品质综合性状好于露地；增强抵御风雨、冻害等自然灾害的能力，大棚内的日灼果、裂果和病虫害果明显减少，每亩产量可达2 500千克以上，商品果率达90%以上，果实销售价格和经济效益可提高数倍。浙江地区以大棚薄膜覆盖避雨和延后栽培效果较好。

1. 大棚设施

（1）立地条件。大棚立地条件以平地或缓坡地为宜，并要求排水和灌溉条件良好。特别是平地和低洼地建大棚的，要开深沟，四周排水沟深度60厘米以上，园内隔行排水沟深度40厘米以上。大棚面积要求1 000平方米以上，过少则不利于保温以及温湿度管理。

（2）大棚建造。柑橘大棚宜采用全钢架建造（图3-52），使用寿命10年以上。立杆采用60毫米 ×80毫米 ×3.0毫米的热镀锌方管加水泥支柱，拱杆采用直径32毫米 ×1.5毫米的热镀锌圆管，水平拉杆采用30毫米 ×50毫米 ×1.8毫米的热镀锌方管，顶纵梁采用直径32毫米 ×1.5毫米的热镀锌圆管，斜拉筋采用8毫米粗的钢筋，天沟采用冷弯热镀锌钢板制作，厚1.5毫米，按照双向普度建造，坡度2.5‰，卡槽采用0.7毫米厚度的热镀锌板防风卡槽。

单栋大棚保温性能较差，要求采用连栋拱圆形大棚，以两行柑橘树为一栋。单栋大棚宽度通常为7~9米；树冠顶部与膜间的距离应保持在1.5~2米，肩高与顶高相差1.5米左右。因为从垂直高度的温度变化来看，越接近棚顶薄膜，温度变化幅度越大，气温越高，越容易发生果实浮皮、日灼等伤害。例如，树高为2.5米，则顶高应为4米

图3-52　钢架大棚

以上，肩高 3 米以上，大棚四周离薄膜的距离一般为 50~100 厘米。棚架上及四周先拉防风网，再覆盖薄膜。

连栋大棚由单栋大棚组合而成，按地形和土地面积设计，建造方法参照单栋大棚。此外，大棚有单层薄膜覆盖和双层薄膜覆盖两种构造。为了防止强冷空气引起的低温冻害，要求建造可覆盖双层薄膜的棚架。

由于浙江山地较多，在山坡地建大棚，多以避雨为主。一般大棚顶部与梯田平行，采用拱顶（图 3-53）；顶部与坡度平行，采用平顶或拱顶（图 3-54）。

图3-53　顶部与梯田平行

图3-54　顶部与坡度平行

（3）棚内设置。

①天窗：开设的宽度应在120厘米以上，对全年覆盖的大棚，天窗位置要求设置在树冠正上方。尽量开大天窗，根据工艺要求，最大可以开到拱棚长度的75%左右。

②排水管：畦下预设排水管，即引入暗渠排水设施，在地下水位高的地区设置排水泵等。根据根系深浅，排水管的深度为30~50厘米。

③防风网：一般采用网眼孔径1厘米左右的绿色或蓝色捕鱼网作为防风网；在棚架上及四周先拉防风网，再覆盖薄膜。防风网的作用是降低风速并增加薄膜的牢固度；防止鸟进园地啄食果实；有轻度的遮光作用，夏季高温季节可有效预防果实日灼危害（图3-55）。

图3-55　拉防风网的棚内未见日灼果

④塑料薄膜：塑料薄膜采用耐老化无滴防尘膜，厚度0.05~0.12毫米，透光率不低于70%。采用大棚专用压膜线，间距1.8米，压膜线顶部、侧面均用八字簧固定。

⑤遮阳网：遮阳网主要是为了防止夏、秋高温干旱期强光温对果实的灼伤。2013年，经较长时期40℃以上的高温考验，凡拉绿色防风网的大棚内，没有发现日灼果。如果夏季温度达35℃以上，才需盖遮阳网，用透光率70%以上的遮阳网覆盖。遮阳网覆盖过早（遮光过早）或遮光过度会严重影响光合作用，导致树冠中下部养分不足而引起大量落果。

（4）滴灌与地膜。在树冠下设置带有压力补偿功能（水流量调节功能）的滴水管道，其上周覆盖透气性地膜。如果将滴水管埋入地下，很费劳力，可先铺设在地表面，在更换地膜时，用堆肥和客土覆盖滴水管。带有压力补偿功能的滴头，采用以色列进口的滴灌设备质量较好，在一定水压条件下它可以延伸到100米范围进行定量灌水，有高度差的山坡地也可使用。

地膜的种类较多，一般以透气透湿性的地膜较好，如美国的杜邦特卫强膜、日本的黑白膜、我国的白色地膜、银黑双色反光膜等，可供选用。

2. 温湿度管理

（1）温度管理。大棚内的地温明显高于露地，气温越低，棚内、外的地温差异越大。在较低温度时期，大棚地温最低在8.8℃以上，仍比露地高0.5~2℃，因此整个冬季温州蜜柑的根系几乎均能吸收养分和水分，有利于柑橘挂果和越冬。但是要注意控制灌水和施肥，使大棚内保持少湿干燥和少肥的状态，以利于提高果实品质。

大棚最高温度一般出现在12:00—14:00，最低温度出现在2:00—8:00，几乎都在0℃以上，棚内果实能安全越冬。因此，覆盖期间遇到晴朗的高温天气，在10:00—12:00要注意观察温度的上升，如果温度升至20℃，就要及时打开裙膜进行通风换气，将最高温度控制在25℃以下。

当最高气温高于35℃时，用透光率70%以上的遮阳网覆盖，可降低温度，防止裂果和日灼果，但是当温度下降后要及时揭去遮阳网，因过度遮阳会影响叶片光合作用和果实糖度，甚至引起树冠内膛和下部果实脱落；10月下旬至11月上旬5天的平均最高温度降至25~20℃时，先进行顶膜覆盖（图3-56），以减轻果实浮皮的发生；在霜冻来临前，及时进行全封闭塑料薄膜覆盖，地面要覆盖

图3-56　顶膜覆盖

反光地膜，但当10:00—14:00气温接近20℃时（以树冠中、上部为准），揭裙膜通风降温，将最高温度控制在25℃以下，该管理方法一直持续到果实采收（翌年1月底至2月底）。采果施肥后1个月间，白天要继续全封闭覆盖塑料薄膜和反光地膜，以提高温度及叶片光合作用效力；晚上要打开四周裙膜降低温度，增加昼夜温差，以促进养分积累和花芽分化。

低温寒流期和降雪时，为了果实安全，可采用双层薄膜保温防冻，或在近顶棚处挂电灯或其他暖气设备增温。如果在2月下旬采收，则要从2月中旬起进行遮光覆盖，以防止果实褪色。

（2）湿度管理。每年3—6月如果雨水过多，要采用塑料薄膜顶部覆盖，以避免雨水进入园内，特别是花期多雨的年份要及时覆盖；夏、秋季，即7—10月底揭去薄膜和地膜。

大棚内3—7月采用适湿管理，11月至翌年2月采用少湿干燥管理，7—10月介于上述两者之间。湿度的控制，采用的是在滴灌基础上覆盖反光膜的方法。研究表明，温州蜜柑果实膨大后期至成熟期在高湿度条件下容易发生浮皮，当成熟期温度超过25℃时，会导致果皮二次生长而加重浮皮，直接影响果实品质。

3. 品种选择

品种选择的基本依据：品种优良，根据成熟期不同，可选择夏梢为结果母枝的早期加温、春梢为结果母枝的浅加温，宜选择品质优良的品种（品系），且适应当地的气候条件。主要推荐品种见表3-1。

表3-1　推荐品种

品种类型	推荐品种
宽皮柑橘类	宫川、上野、由良、东江本地早、砂糖橘等
杂柑类	红美人、金秋砂糖橘、春香橘柚、甘平、濑户香、不知火、天草、南香等
柚类	鸡尾葡萄柚、胡柚等

4. 苗木定植

（1）苗木选择。选择无病毒苗木，提倡采用二年生的假植苗，以缩短成园投产年限。苗木规格符合表3-2。

表3–2　苗木规格

树龄	级别	苗粗（厘米）	苗高（厘米）	分枝数（条）	根系	非检疫性病虫害	检疫性病虫害	株落叶率（%）
一年生苗	一级	≥0.8	≥45	≥3	发达	轻	无	≤20
	二级	≥0.6	≥35	≥2	较发达	轻	无	
二年生苗		≥1.5	≥80	≥3	完整发达	轻	无	

注：苗粗是指嫁接口以上3厘米处的直径；分枝数是指苗高25厘米以上处的分枝数量。

（2）定植时间。春季定植在2月下旬至3月中旬，秋季定植在10月上中旬；容器苗避开严寒、酷暑，均可定植；定植采用定植沟或定植穴两种方式，定植沟宽80厘米、深60厘米，定植穴直径100厘米、深60厘米；株行距适应设施栽培要求，平地株行距4米×5米，每亩栽33株左右。丘陵坡地株行距3.5米×4米或4米×4米。

5. 栽培要点

（1）施肥管理。

①常规施肥：有机肥施用量占总施用纯氮量的50%以上，合理施用无机肥；建议采用测土配方施肥。从生产高糖度果实和无公害栽培考虑，严格控制氮肥的施用量，适当增加磷和钾比例，氮：磷：钾以1:（0.6~0.8）:（0.8~0.9）为宜。设施栽培中均应重施采果肥，1—2月果实采收后，立即叶面喷含中微量元素的有机营养液1次，隔20天后再喷营养液1次，同时灌足水隔天后进行地面施肥，施肥量占全年总施肥量的40%~60%，施足有机肥（有机肥占全年纯氮量的30%~50%），钙镁磷肥应与有机肥一起腐熟后施用；芽前肥（2—3月），以氮、磷为主，占全年总施肥量的15%~25%；稳果肥（6—7月），以钾、氮位为主，配合实用磷肥，占全年总施肥量20%~40%；以小果形果实为优质果的品种，如温州蜜柑、本地早等，应重施春肥；以大果形果实为优质果的品种，如红美人、葡萄柚等，应重施夏肥。要注意叶片缺素症的发生和防治，主要通过喷施叶面肥以缺补缺；为减轻果实浮皮，可在果实发育后期至着色初期（8月上旬、8月下旬、9月下旬）喷钙肥2~3次。如出现隔年结果，休闲年的施肥与露地相同。

②滴灌施肥：在周年覆盖条件下，可以采用低浓度液肥、多次滴灌同时施肥的方法。高浓度液肥不但肥料利用率低，而且会使根系受

害。以株产25千克左右的温州蜜柑为例，其氮肥的使用方法是：肥液浓度为纯氮150毫升/升，从5月下旬至8月中旬，每周滴灌3次，每次每株树用10升液肥。8月下旬至采果期一般中断灌水和施肥，进行干燥处理，以提高果实糖度。但是在特别干旱的年份，为了维持树势，可根据树的萎蔫情况用清水滴灌几次，尤其是在长期干燥的情况下，果实糖高酸也高，采收前灌水1~2次可以大大降低酸度，改善果实品质；灌水量宜少，每次每株以5升为宜。采果后（11—12月）每周滴灌上述浓度和用量的肥液水2次。

施肥量因树龄和果实产量的不同而不同，但因覆盖条件下没有雨水溶失和杂草争夺肥料等，施肥量可减少40%，即为常用施肥量的60%左右，每亩产量2 000~3 000千克的柑橘园一年需要纯氮10~15千克、五氧化二磷为7.5~10千克、氧化钾为9~14千克。磷、钾肥宜在覆盖前每株挖4~5个穴施入，或与栏肥等有机肥一起腐熟后施入。可溶性磷、钾肥也可以与氮肥混合后滴施。

（2）水分管理。设施栽培灌溉采用喷灌和滴灌方式的喷头应置于树冠底部下方，喷灌面积应尽量覆盖整个树冠投影。在果实生长发育初期和中期应该保证充足的水分供应，土壤含水量稳定在70%~80%。建议采用果园生草及地面覆盖的方式稳定土壤湿度。在土壤发生中度干旱时要及时进行灌溉，遇天气高温时灌溉应在10:00之前或16:00—18:00进行。在果实成熟转色期，必须适当控制水分的供应，将土壤田间持水量控制在60%左右，以提高果实内含物的含量。

（3）促花保果与疏果。设施栽培由于采收晚，而消耗大量储藏养分，往往出现隔年结果的现象。据试验，在1月下旬至2月的春节前采收时，只要管理得当，可实现连年结果。促进花芽分化和提高花质是实现连年结果的关键性措施，在采收后可立即喷有机叶面肥等；棚内继续保持干燥；在不会受冻害的前提下，尽量保持低温，即白天覆盖增温，夜间打开裙膜降温，增加昼夜温差，以促进养分积累，诱导花芽分化。对开花过多的弱势树在花期剪去部分花枝，盛花期喷含硼、锌的有机营养液进行保果；对生长势强的树疏去树冠中上部旺长的春梢，或采用环割（剥）等，可以保果。

疏果按叶果比（表3-3）进行，留果量略多于露地，疏除病虫果、畸形果、裂果、直立朝天果、特大果，最终每亩留果量按

2 500~3 500千克的产量来确定。

表3-3　疏果时期及叶果比

品种	初疏果	精细疏果	
		开始时期	叶果比
早熟温州蜜柑	6月下旬	8月中旬	30
红美人	6月下旬	8月中旬	100
葡萄柚	6月下旬至7月上旬	8月下旬	200
春香橘柚	6月下旬	8月下旬	65~80
甜橘柚	6月下旬	8月中下旬	50
天草	6月下旬	8月中下旬	80~100

对于结果很多的大龄树，可在第一次生理落果后疏除病虫果、畸形果等；在8—9月采用局部枝条全疏果，或树冠上部全疏果，疏去树冠顶部和上部外围的果梗粗的、果皮粗的向天果等。这两种疏果方法，疏果后不会明显促进果实膨大，但可显著提高果实品质，有效促进翌年着花。此外，对结果多的树还要做好果实支撑或吊枝工作（图3-57）。

图3-57　果实支撑和吊枝方法

（4）修剪。采用自然开心形，树冠高度控制在3米以下，主干高度30~50厘米，主枝3~4个，绿叶层高度保持在150~200厘米。春季修剪时，采用大枝修剪，疏除树冠中上部的直立大枝，控制树冠高度，打通光路，改善树冠中下部的光照条件培养健壮的结果枝组和结果母枝来促进结果，提高果实品质。在主枝、副主枝上间隔30~50厘米培养1个结果枝组；春季（2—3月）和夏季（6月下旬至7月下旬），在主枝或副主枝上选择分布合理、粗度0.8厘米以上的枝条进行短截或回缩，短截或回缩时可在枝条的基部留10~15厘米进行修剪。

春梢和秋梢均是良好的结果母枝，当春梢生长量不足时，应控制夏梢，培养健壮的秋梢；可以采用抹芽放梢法或夏季修剪法促发秋梢。抹芽放梢法适合初结果树及生长旺盛的结果树，方法是及时抹除6月至7月中下旬萌发的所有夏梢，到7月20日前后停止抹芽。夏季修剪法适合成年结果树，方法是在6月25日至7月25日左右，对所有主枝、副主枝上没有结果的枝条或枝组留15厘米左右进行短截或回缩。

大年结果的年份，以轻剪为主，只剪去病虫枝、衰弱枝、过密枝。出现隔年结果时，休闲年采用夏季修剪法，促使果树8月份抽生大量的优质秋梢，为翌年结果打下基础。

（5）病虫害防治。相对露地，大棚内虫害减少，病害增加。由于冬季大棚内暖和，其温度很适于红蜘蛛等螨类的繁殖与生长，因此在注意防病的同时，还要加强螨类的检查和防治。药剂的使用浓度和方法与露地的相同，而且药剂可与营养液混合一起喷。采收前要注意药剂安全间隔期。休闲年的嫩梢期要注意蚜虫和食叶性害虫的防治。

6. 果实采收

（1）采收时期确定依据。在大棚设施栽培果实成熟至衰老过程中，随着时间的推移，酸含量一直下降；果实可溶性固形物含量、总糖一直提高（干旱年）或达到最高值后下降（多雨年）。果实重量随着时间的推移而减轻，表现在浮皮率增加，单位体积果重和可食率降低；2月初起果实失重较快，果皮褪色严重，浮皮率迅速上升，果实枯水严重，表明果实已进入衰老期。

早熟温州蜜柑果实进入完熟期的指标是：可溶性固形物含量达到

高糖度指标的12%，酸度降至0.8%左右，维生素C变化较平稳。果实进入衰老期的指标是：糖组成中还原糖比率由下降转向提高，浮皮率接近或超过15%，酸度降至0.65%左右，维生素C出现不稳定的上升或下降，可溶性固形物含量开始下降。大致时期是：11月中下旬至翌年1月底的60天左右为果实品质最佳的完熟期；2月初开始进入果实衰老期，品质逐渐下降。

（2）以经济效益为目标的采收期。果实最佳采收期应该是果实品质最佳的完熟期，即11月中下旬至翌年1月底的60天左右。设施栽培的目的是为了获得最大的经济效益，因此最佳采收期的确定，既要考虑果实品质，又要考虑销售价格、树势的恢复和隔年结果等问题。从历年的销售情况看，浙江省早熟温州蜜柑设施栽培者在1月下旬至2月的春节前采收的，销售价格较高。

总的原则是：分批分级采收，精美包装，品牌销售，不长期贮藏。

设施柑橘可分3次采收。一是在九成熟时，采摘树冠上部和外围的1/4左右果实，主要采收畸形果、朝天果、日灼果、密生果，即品质最差的果实，作等外果低价销售。二是在果实完熟后再疏去1/4左右品质中等的果实，即树冠上部、中部及外围果实。三是留下树冠中部、下部的精品果实，在春节前采收，作优级果销售。这样既可获得最佳的经济效益，又有利于保持树势。

7. 隔年结果与浮皮的调控

（1）隔年结果及调控。柑橘果实留树越冬栽培中往往出现隔年结果问题，采收期越迟、产量越高，越容易引起隔年结果。

①隔年交替轮换结果技术：所谓隔年交替轮换结果，是在一个园地中将一半左右的树最大限度的结果，一半左右的树不结果，有计划地进行隔行交替轮换结果和不规则的自然交替轮换结果（图3-58）。对温州蜜柑来说，结果大年可生产出大量的中、小型果实，是可以高价销售的优质果，即使两年结一次果，其经济效益与连年均匀结果的栽培模式不相上下。

②树冠局部疏果调控大小年结果技术：早期树冠局部疏果就是将树冠上部的果实全部疏去，或将局部枝条的果实全部疏除。从生产实

图3-58　大年结果和休闲年的枝梢抽生情况

际情况来看，早熟温州蜜柑 6—7 月的早期疏果可采用树冠局部全疏果的方法，即对结果过多的树，疏去树冠上部 1/3 左右的果实，或局部枝条全疏果。早期局部疏果不会明显促进果实膨大，并具有保持树势和减轻隔年结果的作用。

后期（9月）至九成成熟期实行精细疏果。疏去日灼果、病虫果、畸形果、向天的粗皮大果、密生果等品质最差的果实，既可高果实品质，还有利于连年结果。

（2）浮皮。所谓浮皮，是指包裹果肉的囊瓣膜（囊衣）与果皮分离后浮起，果皮与囊瓣膜之间产生空隙，是一种生理病害（图 3-59）。该症主要发生在成熟后期的果实中，易剥皮的宽皮柑橘类，如温州蜜柑、椪柑等特别容易发生，而皮硬或难剥皮的品种如甜橙、红美人等则不易发生。浮皮的发生与品种品系、树势、结果量、施肥、园地排水和通风的好坏、收获期的迟早等有关，可采取相应的预防技术。

①降低果园湿度：进入着色期（10月）以后，如果果实长时间处

于高温、高湿状态，就会诱发浮皮。所以，秋季以后要使园内的排水和通风良好，园地干燥，则不易发生浮皮。特别是密植园要加强管理，可采用地膜覆盖、大棚避雨、大棚越冬栽培等技术，使园地保持低湿。在冬季大棚覆盖条件下，棚内温度提高的同时，湿度也增加，为了减轻浮皮发生，可将温度控制在0~25℃的情况下，打开裙膜通风降湿；大棚内要使用滴灌，不要将水喷到叶片和果实上，并采取地膜覆盖配合滴灌和施肥，控制棚内湿度。

图3-59　果实浮皮发生情况

②疏除大果：果实越大，浮皮越严重。为了获得最佳的经济效益，生产上要采取措施，多生产中、小型果实。就早熟温州蜜柑而言，要尽早疏除66毫米以上的2L级大果，留中、小型果实，最好是果径55毫米以下的果实，进行完熟采收。

③控制氮肥及施用时期：氮素过多，成熟期氮肥迟效都会促进浮皮果的发生。目前，为了防止隔年结果，常采用重施夏肥的方法，但是应注意施用时期不宜过迟，施用量不宜过大，肥料种类以化肥为主。

④适时采收：采收期越迟，浮皮表现越严重。现在各地普遍采用完熟栽培技术来提高果实糖度，但也应考虑贮藏期，即用于长期贮藏的果实要提早采收，直接鲜销的果实可完熟后采收。提倡分批采收。

⑤喷施钙剂：喷施碳酸钙可湿性粉剂100倍液，在收获前30天至10天各喷1次，或喷氯化钙、硫酸钙水剂300倍液，8月下旬至10月中旬，喷2~3次可减轻果实浮皮。例如，以早熟宫川温州蜜柑为试材，用含钙制剂500~1 000倍液，于果实膨大期喷施3次，可有效地减少浮皮果。

⑥喷施植物生长调节剂：在着色前1个月的生理浮皮高发期，用

赤霉素5毫克/升喷施1次，有明显减轻浮皮症的效果，但喷施后果皮上会出现绿色斑块，贮藏后也不消退，影响果实外观。

⑦阴干储藏：对易发生浮皮的果实，在采前10天喷防腐剂，采后进行较高温度的预处理。控制贮藏库内温、湿条件，注意通风，创造阴凉干燥的贮藏条件。完熟采收的果实要尽快销售，如一时无法销售，可选中、小型果实进行短期贮藏，贮藏期以不超过40天为宜。

（七）果实采收

1. 采收时期

柑橘果实成熟的标志，是果皮及果肉着色，组织变软；果皮油胞充实，蜡粉增厚，芳香物质形成；果汁增多，果汁中含糖量增加，含酸量减少。采收过早，影响风味和品质，并产生芳香味。过迟采收，宽皮柑橘易形成浮皮果，甜橙易患油斑病，杂柑类易发生虎斑病，容易引起腐烂，不耐贮藏。对于某些适于完熟栽培的柑橘品种，要求分批在果实完全着色时陆续采收，及时上市。

一般供贮藏用的柑橘应在九成熟，果皮转色面积达2/3时采收。短期贮藏或直接上市的柑橘应待全面着色，且固酸比达到各品种应有的要求时采收，如早熟温州蜜柑、本地早等品种宜进行完熟采收。

主要柑橘品种采收内质标准如表3-4所示，供参考。

表3-4　主要柑橘品种采收内质标准

	本地早	早熟温州蜜柑	中、晚熟温州蜜柑	椪柑	槾橘	早橘
可溶性固形物含量（°Brix，≥）	10.5	10.5	11.0	11.0	11.0	10.0
总酸含量（%，≤）	0.8	0.5	0.7	1.0	1.0	0.6

采收期确定以后还应根据当时具体的天气状况做出相应调整。如遇大风大雨天气，则应在风雨结束后顺延两日采收，可以使风雨造成的果面损伤得以自然愈合。遇风、霜、雾天气和果面露水未干时，不适宜采收。

2. 采收方法

（1）采收准备。

①橘园：采收前 15 天内，应停止灌水。

②工具：橘剪必须圆头平口，刀口锋利。树冠高大的，需准备采橘凳和双面人字形采果梯。橘篓是采果时随身携带的盛果容器，要求轻便牢固，装量以 5 千克左右为宜，橘篓和橘筐都要内垫衬纸，以免损伤果实。

③人员：应剪平指甲，戴上手套，以免采收时在果面留下指甲伤。随身携带果袋或橘篓，随剪随放。

（2）采收要求。

①采收方法：采收时遵照从下到上，由外向内的采收原则，采收姿势要求用一手平托橘果，一手握剪（图 3-60），不可拉枝拉果，注意轻拿轻放。严格采用"一果二剪"法：第一剪剪在离果蒂 1 厘米左右处，第二剪把果柄剪至与果肩相平（图 3-61）。

图3-60　柑橘采收姿势

图3-61　"一果二剪"法

②采摘质置：采摘果实要轻拿轻放，不能抛掷。采下的果实立即进行初选，然后分级包装。

果实装筐要轻倒轻放，伤果、落地果、泥浆果、病虫害、畸形果、烂果必须随即挑出，另外放置，不得留在橘园内。橘枝等杂物不要混在橘筐中，以免刺伤果实。不能随便倾倒，不能晒太阳，也不能露天堆放过夜。运果时要轻装轻卸，避免滚落和碰伤。

③注意事项：一是采摘人员忌喝酒，以免乙醇对果实产生影响而使果实不耐贮运；二是采果时严禁强拉硬采而拉脱果蒂，因为拉松果蒂的果实易发生腐烂。三是入库贮藏的果实应在果园进行初选。

（八）采后管理

1. 科学施肥，保证营养

采收后，应当立即进行施肥和灌水，施肥量可占全年肥料的40%~50%，11月上旬施基肥。地面再盖20~25千克稻草。或采用树盘撒施加覆盖松土1~2厘米的方式，增强土壤耕作层的保水保肥能力，避免因施肥不当而造成环境污染。施肥若偏迟，会导致抽生秋梢或晚秋梢，不利于来年开花结果。

2. 合理修剪，促成树冠

在对柑橘树施肥的同时，结合将树枝进行合理的通风透光修剪方式，形成稳产丰产型树冠，去掉病虫枝、弱枝、枯枝、荫蔽枝，适当开天窗，使树冠通风透光，多发内膛枝，提高内膛枝质量，这样可减少大小年结果的幅度。同时，对采后抽生的夏秋梢要适当修剪。

3. 清扫落叶，以树养树

柑橘采果后，即抓好清园工作，将采收后掉落的小枝、树叶进行及时有效的清理并覆盖，提高树盘土壤耕作层的蓄水保土保肥能力。

4. 及时喷药，防治病虫

柑橘病虫害严重影响果树的树势和果品的质量。采果后可及时喷药，彻底防治柑橘潜叶蛾、蚜虫、螨类等。在清理果园周边的杂草时禁止使用除草剂，保护果园的生态多样性，形成减量、节本、增效和果品质量安全的生态模式，最终实现生态效益和经济效益并重。

三、土壤管理

（一）土壤改良

1. 土壤耕作

幼龄柑橘园耕作深度在10厘米以内，管理水平高的柑橘园，长势好的柑橘园，可以浅耕或免耕。耕作结合除草施肥，每年进行3~4次，即5月壮果肥施用时1次，6月采收前除草覆盖1次，7月施采后肥时1次，11月施秋冬肥前1次，除草浅耕。对幼龄柑橘园除草，树盘内旁杂草用手拔除，除草仅在株行间进行，以免损伤根系。

2. 耕作方法

柑橘园耕作，一般以深翻为主，每年进行1次，常以冬春季结合深施有机肥时进行。深翻时尽量保护1厘米以上的粗根。

（1）深翻扩穴。新植橘园往往土壤熟化程度低，随着定植后树冠的扩大，要求通气和肥水良好的土壤条件。此外，成龄柑橘园经多年耕作，下层土壤也会变得紧实，土壤的水、气、肥、热条件也会日趋恶化，细根呼吸所需要的氧气不足，影响营养、水分吸收，不利于橘树的生长和果实品质的提高。因此有必要及时加深和扩大耕作层及根系分布层，深耕深翻结合深施有机肥，加速土壤熟化，增加土壤肥力。

深翻宜在须根生长停滞时期的晚秋到初春进行，并结合修剪掩埋枝叶，深度至少达20厘米，尽量少伤根。黏质土壤深翻40厘米以上。并沿倾斜方向作堑壕式深翻，设置暗渠排水。表层应当多施有机肥。

新植的幼龄园，宜用腐熟有机肥。重黏土宜施用堆厩肥。

（2）加培客土。山坡地柑橘园，水土流失比较严重，根系容易暴露在外，培土可以增厚土层，保暖防冻，保湿护根，并扩大根系的伸展范围。培土每年可进行1~2次。冬季以施采果肥后进行为好，每株挑培客土100~200千克，放在树盘内，砂质土壤添加黏性河塘泥时，应当分散成块，风干后捣碎覆盖在树盘内即可。在土层浅薄处，宜用客土法来加厚土层，每年加厚3~6厘米，至成林时客土高出地面约30厘米。培土时砂质土壤的用黏土含量高的土壤，黏质土壤的用砂质的土壤进行客土。厚度以5~10厘米为宜，为了防止客土中杂草、病虫害的传播，以取心土为好。这样既改善土壤结构，提高肥力，改善土壤理化性状及土壤微生物活动；又可增加水土保持能力，利于根的生长和发育。

同时做好园地整修工作，园地整修的目的就是要保持水土，减少水土流失。鱼鳞坑种植的柑橘园，经过逐年扩穴，使之成为小块园地。在其外围用石块或草皮泥垒砌起来，防止水土流失。雨后应注意及时维修梯田、鱼鳞坑、水沟及道路。

（二）地面覆盖

1. 套种绿肥

柑橘幼树种植后至进入结果以前，利用行间隙地种植绿肥，可以增加土壤有机质，主要品种有印度豇豆、乌饭豆、印尼绿豆、赤豆、绿豆等。绿肥一般1年可种2次，春播绿肥于6月底前后翻埋，一般每亩产量500~1 000千克，作为幼树夏季覆盖草源和肥料，有利于抗旱和壮果；秋播绿肥可以在次年春季的2—3月翻埋。但应避免间种经济作物。如果要在幼年橘园间种一些经济作物，应当相应增加肥料用量。

2. 生草除草

柑橘园实行生草栽培，使园地得到覆盖，特别是坡度较大的山地橘园，梯壁草密生可防止冲刷坍塌，疏松土壤，改善理化性状，增加土壤有机质。理想的草种是10月发芽，翌年5月停止生长，6月下旬枯死而成为覆草。如藿香蓟（图3-62），4月上旬播种，年中可多次收割，每亩产绿肥4吨以上，又有减轻螨类效果；坡地橘园的梯壁可选用根系密生的多年宿根性杂草固壁，如黄花菜等。还有马唐、狗尾草、野艾蒿、空心莲子草、青葙、商陆、金鸡菊、酢浆草、三叶草

图3-62 藿香蓟

等。对一年生和二年生种子繁殖的杂草，在其结籽前收割或除草剂防除；以种子或地下茎、球根繁殖的多年生杂草，应彻底防除；对攀援性的杂草如菟丝子、杠板归等，妨碍橘树与防风林的生长发育，可用草甘膦等内吸传导型除草剂防除或连根挖除。

春草生长的前期，任其生长，4月下旬至5月上旬，春草开花结籽前收割，减少杂草结籽时消耗大量肥分而影响橘树的营养生长和开花结果。将要进入伏旱，夏草旺长与橘树争水，可于7—9月间多次收割覆盖，有利于树体生长与果实发育。除草剂除草可在梅雨季结束后或春草开花结籽前进行。如用草甘膦能较广泛地杀死藻类、蕨类、单子叶和双子叶等53科植物的杂草和灌木，加0.2%洗衣粉增加草甘膦在茎叶表面的附着力，可提高杀草效果，但注意药液勿喷到柑橘新梢，以免药害。

3. 秸秆覆盖

用麦秸、稻草、绿肥、杂草等有机物质，覆盖于树盘、树行或全园覆盖。覆盖方式分全园覆盖和畦内或行内覆盖两种。覆盖前要有良好的墒情，施足追肥和松土平地。覆盖厚度为15~20厘米，覆盖物上压土，以防风刮和火灾。树盘覆盖时，每株覆盖量需70~100千克；树行覆盖时，每亩覆盖量需1 000~1 250千克；全园覆盖时，每亩覆盖量需2 000~2 500千克，如用新鲜材料，每亩覆盖总量需4 000千克左右。

覆盖在一年四季都可以进行。冬前覆盖有利于幼树安全越冬，减轻冻害造成的影响；雨季前覆盖有利于蓄水和稳定土温，减少落果，提高果品质量。杂草覆盖要在立秋结籽以前，灌木覆盖应在半木质化前进行。

4. 地膜覆盖

地膜覆盖是利用透明的地膜覆盖在柑橘树盘或树行间的一种耕作方法（图3-63）。覆膜可增加土壤有效养分，保持土壤水分，提高土壤温度。可壮根发芽。提高光效，防止杂草生长，并有利于提高花期分化质量和坐果率，以及增加果实着色，减少病虫害发生。覆盖时，主要覆盖在柑橘树树盘、树行间，地膜四周用土压紧。覆膜前树盘、树行间应人工铲除杂草。

覆盖时树干周围要留出空隙，以防金龟子幼虫为害，啃咬树皮，影响柑橘树正常生长。海拔较高地区，早春务必将树行内的覆盖材料堆放到行间，使树行土壤裸露，消除覆盖降温的负面影响，直接接受阳光照射，提高地温，保证柑橘树适时萌芽和开花。平地柑橘园土壤黏重地块，不宜采用覆盖栽培模式，否则会使土壤湿度过大，透气性差，根系生长不良，吸收功能衰退，地上部分因缺素而黄化，树势减弱。

图3-63　特卫强透湿性地布覆盖提高品质

柑橘园覆盖会导致土壤内含氮量迅速下降，应及时补充速效氮肥。1年生的幼树，每株应再追施氮肥50~100克；2~5年生幼树，施氮肥150~250克；成年树按50千克果实施氮肥150克，或以0.5%的尿素溶液进行根外追肥。

（三）增施有机肥

适宜的有机肥主要有绿肥、厩肥（即猪、牛栏肥）、豆饼等。

绿肥是主要的有机肥来源，如山草、嫩树枝。新栽柑橘园如是全垦或是退农还林的，则可利用株间空闲地种植夏绿肥，一般一次性能收割鲜草500~1 000千克，作为幼树夏季覆盖草源或肥料。可供选择的品种有印度豇豆、乌豇豆、赤豆、绿豆等都适宜作夏季绿肥种植，其中乌豇豆更耐瘠薄。绿肥作物的播种适应期在4月中旬，当气温稳定在15℃以上时即可播种。过早不利于齐苗，过迟鲜草产量不高。另外应注意带肥下种，因柑橘园土壤一般含砂砾较多，土质较瘠薄，故种植绿肥时最好配施一些磷钾肥。每亩可施钙镁磷肥5千克、硫酸钾10千克、钼酸铵2克（先溶解于少量酒精或白酒，再加水50毫升，拌1千克种子）。绿肥作物的收割，一般在夏季高温干旱来临前（约6月下旬）一次性收割完，作为幼树树盘覆盖草，或埋入土中作肥料；如要分次收割，则可留基干20厘米左右，收割后施一次稀薄氮肥，促其再长茎叶。

农家的稻草、麦秆等，经过堆制，可以施用。收割荷塘边、路边、园地的杂草，经过堆制或沤制，也可施用。城市垃圾常含有害物质，不能施用。

鸡粪、鱼肥以及其他含磷较多的有机肥要慎用。

四、肥水管理

（一）肥料管理

1. 肥料种类

肥料是保证柑橘树营养的重要来源。柑橘树施肥原则要以有机肥为主，化肥为辅，保持或增加土壤肥力及土壤微生物活性，同时所使用的肥料不应对柑橘园环境和果实品质产生不良影响。柑橘树使用的肥料及其种类主要有以下几种。

（1）农家肥料。农家肥料指就地取材、就地使用的各种有机肥料。它由含有大量生物物质、动植物残体、排泄物和生物废物等积制而成，含有丰富的有机质和腐殖质及柑橘树所需要的各种大、中量元素和微量元素，还含有激素、维生素和抗生素等。其主要包括堆肥、沤肥、厩肥、沼气肥、绿肥、作物秸秆肥、泥肥和饼肥等。

（2）商品肥料。商品肥料是指按国家法规规定，受国家肥料部门管理，以商品形式出售的肥料。包括商品有机肥、腐殖酸类肥、微生物肥、有机复合肥、无机（矿质）肥和叶面肥等。其主要是以动植物残体、排泄物、其他生物废料以及腐殖物质为原料加工成有机肥料，或者是矿物质物理或化学工业方式制成无机盐形式的肥料。

（3）其他肥料。其他肥料指不含有毒物质的食品、纺织工业的有机副产品，以及骨粉、骨胶废渣、氨基酸残渣、家禽家畜加工废料、糖厂废料等有机物制成的，经农业部门登记允许使用的肥料。

2. 施肥时期

（1）萌芽肥。施肥的目的在于壮梢壮花，延迟和减少老叶脱落。在萌发前施速效氮肥。这次施肥应以化肥为主、加重氮肥的施用量。在4月上中旬，当花蕾出现以后，视其花蕾多少而补施1次氮肥，结合根外追肥，喷施硼肥及微量元素和植物生长素。

（2）稳果肥。在谢花时施速效氮肥，对稳果效果显著，也可采用根外追施尿素和磷酸二氢钾2~3次，坡地橘园可添加硼砂。柑橘从5月上中旬开花结果后，有2次生理落果高峰期，这次应看树施肥，若花多果多，施肥就多，花少果少营养枝多，就应少施或不施。并应以根外追肥为主。

（3）壮果肥。生理落果停止后，老树施肥壮果，幼年树和壮年树既要促进果实增大，又要及时促使营养枝大量萌发和生长充实成为良好的结果母枝。以氮肥为主结合磷钾肥。秋梢是来年最可靠的结果母枝，应于6月下旬至7月上中旬施肥。此次以磷钾肥为主，轻施氮肥，以利改善品质和提高产量。

（4）采果肥。在采果前后施肥补充营养，恢复树势，促进花芽分化。冬季是柑橘休眠、又是花芽分化期。施肥宜早不宜迟，以腐熟肥为主，于11月底前施下，以恢复树体提高抗寒能力。

3. 施肥量

（1）幼年树施肥。为加速幼树生长，提早进入丰产期，春植成活后开始施肥，促发和培育春、夏、秋梢，每次梢应分别施萌芽肥和壮梢肥，每年3月上旬至8月中旬每月施1~2次速效肥。10月下旬至11月中旬施保暖肥，有机肥占60%左右。年施肥量每亩为速效氮2~3.3千克、速效磷1.3~1.6千克、速效钾1.3~1.6千克。薄肥勤施，逐年增加施肥量。

开始进入结果的初生树每亩可年施速效氮4.6~6.6千克、速效磷2.6~3.3千克、速效钾3.3~4.0千克。3月、8月的新梢发生期各施速效肥1次，11月中下旬施越冬肥，有机质肥料占50%以上。

（2）成年树施肥。柑橘的施肥量是根据品种、树龄、树势、结果量、土壤肥力、气候、肥料种类等来决定的。通常根据树体生长、发育、落叶、落花、落果等所消耗的养分，随果实采摘所带走的养分，肥料利用率及土壤供给量等来计算施肥量。根据对温州蜜柑、柑、甜橙、脐橙、柚、金柑等多个品种的研究资料综合分析，生产1吨鲜果所需要的施肥量是：纯氮7~10千克，氮：磷：钾之比为1：（0.5~0.7）：（0.8~0.9）。同时应当考虑到园地的肥力状况，土壤肥沃，腐殖质含量高的园地适当少施，土壤瘠薄的应当适当增加施肥量。

4. 施肥技术

（1）土壤施肥。土壤施肥技术主要有以下几种（图 3-64）。

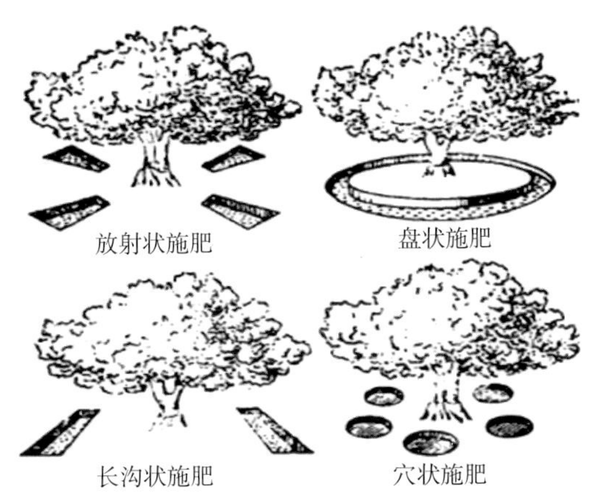

图3-64 常用地面施肥方法

①环状沟施肥：在树冠滴水线外侧，挖一条环沟或半环沟，沟宽 30~40 厘米，深 20 厘米左右，或以见须根为度，或断部分细根。这种方法多用于青壮年树，方法简便，用肥经济集中。

②扩穴施肥：在幼树原定植穴的外缘，挖深 80~100 厘米，宽 50~100 厘米的环状沟，结合压埋绿肥或垃圾等有机肥进行施肥。有机肥要分层施，即一层肥一层土，这样有利于有机质的腐烂分解，改良土壤结构，提高肥力，为根系生长创造良好的环境。用 3 年左右的时间把全园深翻一次。

③盘状施肥：离树干 20~30 厘米处至树冠滴水线外缘范围，耙开表土深 10 厘米左右，形成盘状，做到里浅外深。将肥料均匀撒施后，及时覆土。干旱季节，应先浇水后施肥，切忌燥施，防止肥料过浓而伤根。该方法适用于土层浅或地下水位高的成年橘园。

④放射状施肥：距树干 30~50 厘米处，依树冠大小，向外开放射状沟 4~6 条，沟宽 30 厘米左右，长 50~60 厘米，深 10~30 厘米（里浅外深），将绿肥与人粪尿等有机肥和化肥混施，酸性橘园可掺施石灰，碱性橘园可掺施硫磺粉，施肥后及时覆土。以后逐次轮换开沟位置，以至全园。该方法对成龄橘园施肥，结合根系轮换更新较适宜。

⑤长沟状施肥：在树冠滴水线外围东、西或南、北两方，开深 20~40 厘米、宽 30~50 厘米，长为树冠 1/3~1/2 的平行沟，每次轮换开沟位置，并随着树冠的扩大而往外推移，直至全园。这种方法伤根少，也有改土效果，适合成年橘园深施有机肥和绿肥时使用。

⑥穴状施肥：为了减少磷钾等肥料的流失和固定，并避免伤根过多，在树冠滴水线周围，挖直径30~50厘米，深30~50厘米的施肥穴4~6个。挖穴位置逐次轮换。这种方法适合通透性差的黏土和粉砂土柑橘园施用速效肥料和磷钾肥料时采用。

⑦深浅结合法：这种施肥是将盘状施肥法与穴状施肥法结合进行，即在盘状的基础上再开数穴（一般在盘的外围，即滴水线附近开穴），使施入肥料分散在不同土层，有利不同深度的根系吸收。施肥效果较好，适合成年橘园施用速效性肥料时采用。

⑧地面撒施：在下小雨前后，将尿素、复合肥等肥料均匀撒施在土壤表面，依靠雨水将肥料溶入土中，或在撒施后结合中耕将肥料翻入土中。这种方法节省劳力，如不中耕，肥料利用率不能保证。

⑨喷滴灌施肥法：这是近年来采用的一项新技术。通过喷滴灌系统结合灌溉进行施肥，需要有肥料容器及排射器作辅助设备，喷头和滴头也要特制的。该方法用肥经济，且可自动化，但设备条件要求较高。

（2）叶面施肥。在橘树发生缺素症，或遇到冻害、水害、旱害等自然灾害时，为补充根系吸收养分的不足，可采取叶面施肥法，随时补给养分，但不能取代土壤施肥。各种水溶性速效肥料，只要对叶片和果实无药害，都可用作叶面肥。目前生产上常用的各种叶面喷肥的浓度列于表3-5。配制溶液时要严格掌握使用浓度，尤其是微量元素，浓度过高往往会引起药害，浓度过低则效果不明显。尿素中，缩二脲含量高于0.25%的劣质尿素不宜用作叶面肥，否则，使用后会产生缩二脲中毒，出现叶尖黄化，叶片寿命缩短，提早落叶。过磷酸钙或草木灰要在水中浸泡12~24小时后，用上层澄清液或滤液喷施。叶面肥因成本高，多用于保果。

表3-5　柑橘叶面喷肥溶液浓度

肥料种类	浓度（%）	肥料种类	浓度（%）
尿素	0.3 ~ 0.5	硫酸锌	0.1 ~ 0.3
硫酸铵	0.3	环烷酸锌	0.67
过磷酸钙	0.5 ~ 1.0	硫酸锰	0.1 ~ 0.3
磷酸二氢钾	0.2 ~ 0.5	硫酸铜	0.01 ~ 0.05
硫酸钾	0.3 ~ 0.5	硼砂	0.1 ~ 0.2

（续表）

肥料种类	浓度（%）	肥料种类	浓度（%）
草木灰	1.0～3.0	硼酸	0.1～0.2
磷酸氢钙	0.3	钼酸铵	0.01～0.05
硫酸镁	0.1～0.2	高效复合稀土微肥	0.3～0.5
柠檬酸铁	0.1～0.2	高效复合肥	0.2～0.3
硫酸亚铁	0.1～0.2	百富农叶面肥	0.3～0.4
螯合铁	0.1～0.2	增产菌	0.25～0.5

喷施时期一般在新叶、新梢生长期，即在叶组织未老熟前进行，其中以春梢生长期和幼果期效果最好，叶片老熟后则吸收效果下降。9—10月果实成熟期不宜叶面喷肥，以免影响果实品质；果实采收前20天内停止施叶面追肥，以生产无公害果实。喷施时间以阴天或早晚效果较好，切忌在烈日的中午和雨天进行根外追肥。

喷施次数则依树势和缺素情况而定，幼树、强势树或结果少的树，少喷或不喷；弱势树或花多、果多的树应多喷。在芽期和抽夏梢期间应停止使用根外追肥。一般大量元素多喷几次不会有大的坏作用，而微量元素在连喷2~3次后，如果缺素症状消失，就不必再喷。由于柑橘对微量元素比较敏感，喷施次数过多，会引起过剩危害。

（二）水分管理

1. 灌溉

（1）灌溉时期。橘园灌水时期应根据柑橘对水分的需要量、土壤含水量和气候条件等因素确定。

在柑橘生长结果期，土壤水分最好达到田间最大持水量的60%~80%。当土壤水分含量低于田间持水量的50%~60%时，必须及时灌溉。在生产实践中可凭经验判断土壤大体含水量。如土壤为沙壤土，用手紧握形成土团，再挤压时土团不易碎裂，说明土壤湿度在最大持水量的50%以上，一般不必进行灌溉；如果手捏松开后不能形成土团，则证明土壤湿度太低，需要进行灌溉；如果土壤为黏壤土，捏时能成土团，轻轻挤压容易发生裂缝，证明水分含量少，需及时灌溉。夏秋干旱时期还可根据天气情况决定灌水时期，一般连续高温干旱

15天以上即需开始灌溉；秋冬干旱可延续20天以上再开始灌溉。

（2）灌溉方式。灌溉方法可采用沟灌、畦灌，有条件的地方可采用管灌、滴灌，不提倡大水漫灌。对水源困难的山地，可采用穴灌加覆膜以节约用水量。可在柑橘根系分布较集中的地方，分别挖几个宽20厘米、深30厘米的灌水穴或短沟，每穴或沟浇水15~25千克，水渗下后盖土覆膜。

对完全没有浇水条件的柑橘园，只有做好土壤管理，增加土壤本身的保、蓄水能力，并可采用覆草、盖膜等方法减少水分蒸发。

2. 排水

柑橘缺水固然不行，但积水太多也不利于生长，因根系的生长除需要水分和养分外，还需适量的空气，土壤中的积水排不出去，就减少了空气而造成缺氧，迫使根系呼吸困难，严重时根系腐烂危及植株生命。因此，及时排出积水是极为重要的。对地下水位高的平坦地，应挖沟排水或修台田排水，山地柑橘园在建园之初就要修建好排水系统。每次大雨后，一定要及时排出积水。

（三）水肥一体化

1. 水肥一体化类型

水肥一体化的类型根据不同划分依据有不同的类型。

（1）根据控制方式。分为传统水肥一体化和现代水肥一体化两种。

①传统水肥一体化技术：将可溶性肥料溶解到水里，使用棍棒或机械搅拌，通过田间灌水、田间管道，或滴灌、微灌等装置使肥液均匀地进入果园土壤中，被柑橘吸收利用。

②现代化水肥一体化技术：通过实时自动采集柑橘生长环境参数和生育信息参数，构建柑橘与环境信息的耦合模型，智能决策柑橘的水肥需求，通过配套施肥系统，实现水肥一体精准施入。

（2）根据灌溉方式。可以分为滴灌、喷灌和微喷灌水肥一体化技术。

①滴灌水肥一体化：是指按照柑橘需水要求，通过低压管道系统与安装在毛管上的灌水器，将水和养分一滴一滴、均匀而又缓慢地滴入柑橘根区土壤中的灌水方法。这种方法可以保证灌溉水以水滴的形式滴入土壤，在有效对水量进行控制的同时，大大延长了实际灌溉时间。该技术不受地形限制，可以在不同坡度的橘园使用，也不会形成

径流。但该项技术对水质的要求相对较高，需要合理地选择水源，充分考虑肥料及过滤设备的应用。

②喷灌水肥一体化：喷灌是利用机械和动力设备把水加压，将有压水送到灌溉地段，通过喷头喷射到空中散成细小的水滴，均匀地洒落在地面的一种灌溉方式。喷灌水肥一体化技术是在柑橘对水肥需求规律基础上，通过施肥设备把肥料溶液加入喷灌的水中。喷灌水肥一体化对土地的平整性要求不高，可以应用在山地果园等地形复杂的土地上。喷灌系统可以分为固定式喷灌系统、移动式喷灌系统和半固定式喷灌系统。

③微喷灌水肥一体化：微喷灌是通过低压管道将水送到柑橘园附近田间，再利用折射、旋转、辐射式微型喷头或微喷带将水均匀地喷洒到柑橘枝叶等区域的灌水形式。微喷灌水肥一体化技术是指通过施肥设备把肥料溶液加入微喷灌管道中，随着灌溉水分均匀喷洒到土壤表面的一种灌溉施肥方式。与滴灌施肥技术相比，微喷灌技术在过滤器方面的要求不高，但该技术容易受到植物茎秆与杂草的制约。

④膜下滴灌水肥一体化：该技术是覆膜技术、滴灌技术的结合，作用原理就是在滴灌带的表层进行薄膜的覆盖。该技术在大大降低水分蒸发量的同时，也相应地将地表温度提高，覆膜能够抑制杂草，促进幼苗的快速生长。

⑤集雨补灌水肥一体化：通过开挖集雨沟，建设集雨面和集雨窖池，配套安装小型提灌设备和田间输水管道，采用滴灌、微喷灌技术，结合水溶肥料应用，实现高效补灌和水肥一体化，充分利用自然降雨，解决降雨时间与柑橘需用水时间不同步、季节性干旱严重发生的问题。适用于降雨量较多，但时空分布不均、季节性干旱严重的地区。

2. 肥料选择

在选择肥料之前，首先应对灌溉水中的化学成分和水的 pH 值有所了解。某些酸性肥料可能降低水的 pH 值，而碱性肥料则会使水的 pH 值提高。当水源中同时含有碳酸根和钙镁离子时可能使滴灌水的 pH 值提高进而引起碳酸钙、碳酸镁的沉淀，从而使滴头堵塞。因此，在水肥一体化中，化肥应符合下列基本要求：一是养分含量较高，溶解度高，能迅速地溶于灌溉水中。二是杂质含量低，其所含调理剂物质含量最小，能与其他肥料匹配混合施用，不产生沉淀。三是流动性好，没有钙、镁、碳酸氢盐或其他可能形成不可溶盐的离子，不会阻塞过滤系统和灌水器。四是与灌溉水的相互作用很小，不会引起灌溉水 pH 值的剧烈变化。五是金属微量元素应当是螯合物形式，对控制中心和滴灌系统的腐蚀性很小。六是溶液的酸碱度为中性至微酸性，当灌溉水的 pH 值为 7.5 时，不宜施碱性肥料如氨水等，适当加硝酸、磷酸、磷酸脲能降低灌溉水的 pH 值。七是灌溉水中的肥料总浓度控制在 5% 以下为宜。

水肥一体化中常用的肥料如表 3-6 所示。

表3-6　水肥一体化中的常用肥料

氮肥	磷肥	钾肥
尿素	磷酸	硝酸钾
尿素硝酸铵溶液	磷酸二氢钾	硫酸钾
硫酸铵	磷酸氢二钾	柠檬酸钾
硝酸铵磷	磷酸二氢铵	氢氧化钾
磷酸一铵 / 磷酸二铵	磷酸氢二铵	腐殖酸钾

五、树体保护

（一）预防冻害

1. 冻害对柑橘的危害

柑橘栽培的北缘地区，冻害发生比较频繁。据统计，1976/1977 年的冻害，长江中下游受冻的柑橘成年树近 1 500 万株，其中冻死植株达 120 多万株。此后的 1981 年、1991 年均发生了较严重的冻害（图 3-65）。1999 年 12月出现了几十年罕见的全国性柑橘低温霜冻天气，严重的致使叶片枯死，甚至整个枝序枯死，枝干树皮冻裂，受冻的伤口易感染树脂病。对温州蜜柑来说，-8~ -7℃下 3 个小时是造成冻害的界限。2016 年 1 月 23—25 日发生的极寒天气，也对浙江省柑橘生产造成严重损失。

2. 减轻冻害的措施

（1）及时施肥，保叶过冬。采果前后，用速效肥对水浇根，结合

图3-65　春香橘橙的冻害

叶面喷施0.3%磷酸二氢钾加0.3%尿素混合液，补充养分，恢复树势。采果后每株施栏肥50~100千克，钙镁磷肥1.5~2千克，钾肥0.5~1千克，或草木灰10千克，恢复树势，增强抗病和抗寒能力。此次施肥宜早不宜迟。

（2）中耕培土，灌水保温。采收后，寒冬来临前挑选塘泥、河泥、田土等，树盘培土10~20厘米，形成土墩，可以结合采后肥施用。在出现低温冷冻前10~20天，进行充分灌水。

（3）覆盖、涂白，保护树干。对柑橘幼树、苗圃等可以用稻草包裹全株，或采用草帘、编织袋、薄膜搭棚覆盖保温。成龄树可以搭篷覆盖，防止枝叶直接冻伤。用白涂剂涂枝干，减轻危害。利用柴草、木屑、秸秆等物，每亩设置4~6个熏烟堆，在寒潮来临或霜冻前点燃熏烟。

（4）修剪。对叶片受冻萎蔫不能复原或枯焦未落的，应尽早摘除，防止枝梢失水枯死。受冻枝梢生死界限不明显的，应当等到气温回升，在萌芽处回缩修剪。修剪以轻剪、短截为主，疏删为辅，对树冠内部和下部的枝梢，尽量多保留，并根据不同冻害程度进行抹芽控梢。冻害严重的树，需露骨更新，可在新梢抽生后选择在大枝或主干存活部位进行重剪或截干。

（5）病虫防治。对剪（锯）口要修削成平滑斜口，再用75%酒精或0.1%高锰酸钾液消毒伤口，涂抹保护剂。对伤口，可先刮除树干上病斑后再涂药。此外柑橘受冻修剪后会萌发大量枝梢嫩叶，要注意防治病虫。

（二）预防风害

1. 台风对柑橘的危害

每年夏秋之交的台风暴雨容易对东南沿海的柑橘园造成严重的风害和洪涝灾害（图3-66）。轻则撕裂叶片，揉伤果皮，击落果实，折断枝梢，重则使树体倒伏，并易诱发溃疡病、树脂病、炭疽病等，以及海水浸泡导致树体死亡。

图3-66　利奇马台风造成的大棚倒伏

2. 减少风害的措施

（1）提前预防。沿海橘园要营造网格化的防风林（网）。将防风林的密闭度修剪调节到70%~80%程度，使风速和风压降低至最小限度；幼树苗木要立支柱，高接换种抽生的枝梢用支柱绑扎结实；对易发生柑橘溃疡病的脐橙、杂柑类等品种在台风前全面喷施每毫升700~1 000单位的农用链霉素粉剂，或77%可杀得可湿性粉剂500

倍液；对坡地橘园梯面内侧挖好集水路和集水沟，两端设置限石，园面铺草或生草，减少水土冲刷；沿海沿江柑橘园应加固堤坝，开通园沟，并准备灌溉水冲洗设备或器材应急；如无防风林带，可在迎风面张挂渔网或尼龙网以减缓风力和风速。

（2）灾后补救。台风过后，要抢修海塘堤坝，堵住缺口，阻止海潮倒灌，然后疏通沟渠，排除积水，及时除去土壤表层的咸污泥，以减少根系死亡。对被强风吹倒的幼龄树，应立即扶正并立支柱，吹折的枝梢从基部剪除，并涂以波尔多浆防止伤口腐烂，枝干涂白防止日灼，对附着在果面和叶片上泥土及盐分要及时冲洗，并结合根外追肥混喷500倍液的50%的托布津可湿性粉剂或50%多菌灵胶悬剂，但注意不可喷石硫合剂。根据被害树的落叶程度，适当疏果，恢复树势，加强防冻。

（三）预防旱害

1. 干旱对柑橘的危害

橘树旱害主要原因是天气晴热高温，园地水分大量蒸发，土壤持水率显著降低，橘树生理失水严重，导致树体内水分养分运转失去平衡所至。柑橘遭受干旱时，会出现叶片萎蔫，果实发育停止，严重时甚至落叶落果。冬旱则会降低树体抗寒性，加重冻害。

2. 减少干旱危害的措施

（1）加强橘园基础设施建设与管理。建园时完善水利排灌设施建设，有条件的果园建立果园肥水滴灌系统。加强橘园管理，增施有机肥，改善土壤的物理性状，提高土壤的保水能力。

（2）园地松土覆土。园地土壤板结易导致地下水上升蒸发，地面松土可切断土壤毛细管，控制土壤地下水分上升；有降雨时雨后要及时松土，不易松土的土壤板结地块采取挖畦沟取土覆盖于畦面，通过松土覆土减缓橘园地下水分的蒸发。

（3）节水灌溉。连续旱晴10~15天以上，进行灌溉，促使果实正常发育。平地和水源充足的橘园，采用园沟灌水；山地或水源紧缺的橘园，可采用浇灌。建立肥水滴灌系统的果园，进行滴灌，是目前较为科学的节水模式。此外，选用树冠喷水，每隔3~5天在傍晚喷清水（或低浓度叶面肥）来缓解旱情。

（4）树盘覆盖。实施生草栽培，生物覆盖园地，有利于提高保水抗旱能力。在梅雨季节结束后即进行树盘覆盖，厚度10~20厘米，可充分利用地面杂草，或秸秆等覆盖物，降低土壤温度，减少土壤水分蒸发。

（5）防日灼（图3-67）。裸露的树干及大枝用石灰水涂白，或覆盖遮阳网、稻草等，顶部果实采用套袋或粘纸，防止日灼。

图3-67 日灼果

六、病虫害防控

（一）防治原则

遵循“预防为主、综合防治”的方针。加强栽培管理，提高树体抗病虫害能力。根据病虫害发生规律，适时开展化学防治。提倡使用诱虫灯、粘虫板、防虫网及人工捕杀，繁殖释放天敌等措施。优先使用生物源和矿物源等高效低毒低残留农药，严格控制安全间隔期、施药量和施药次数。

（二）技术模式

柑橘病虫害绿色防控技术模式的要点是：强化农业防治，重点推广理化诱控措施，辅以化学防治，有效控制病虫为害。主要防控对象为疮痂病、树脂病、炭疽病、黄龙病、灰霉病等病害和红蜘蛛、锈壁虱、介壳虫类、粉虱类、蚜虫类、黑蚱蝉、潜叶蛾、凤蝶类、夜蛾类、天牛类、灰象虫、恶性叶甲、花蕾蛆、小实蝇等虫害。

（三）关键措施

1. 农业防治

（1）冬季清园。12月至枝梢花芽萌发前，刮除树枝上的老翘皮、粗皮，剪除病虫枝、枯枝、衰弱枝集中处理，降低病虫源基数。

（2）整形修剪。合理整形修剪，控制枝蔓数量，使树体枝组分布均匀，改善通风透光条件，可有效控制病虫害的发生。

（3）平衡施肥。视树势和结果情况施肥。提倡适施有机肥料、微生物肥料、腐殖酸类肥料，少施或不施化肥。结果树适施草木灰，增强树体的抗逆性。

2. 理化诱控

（1）黄板诱杀。利用害虫趋色的特性诱杀幼虫或成虫，在柑橘成熟前，在柑橘树枝上挂黄板，每株挂 1张。

（2）杀虫灯诱杀。针对害虫成虫的趋光习性，开展杀虫灯诱杀。杀虫灯宜安装在果园的制高点和外围。每 30~40 亩安装杀虫灯 1盏，于柑橘开花期开始，每天 19:00—23:00 开灯，果实采收结束后停止开灯。

3. 科学用药

药剂防治优先选用生物农药和矿物源农药，宜选用水剂、水乳剂、微乳剂和水分散粒剂等环境友好型剂型，在其他防治措施效果不明显时，合理选用高效、低毒、低残留农药。药剂防治要严格掌握施药剂量（或浓度）、施药次数和安全间隔期，提倡交替轮换使用不同作用机理的农药品种。

（四）防治方法

1. 主要病害防治

（1）疮痂病（图 3-68）。由真菌引起，分布广泛，为害嫩叶和幼果，重病的会引起落叶、落果或果实变小，产量下降，品质变劣。苗木、幼树和嫩枝多的发病重；宽皮柑橘较感病，柠檬、柚类等次之，甜橙、金柑、枳等抗病。

①为害症状：多发生在叶背，初为油浸状黄色小圆点，后隆起，另侧凹陷，呈木栓化瘤状或圆锥状的疮痂，严重时叶片扭曲。果实病斑呈圆锥形木栓化的瘤状突起，严重时果实畸形，易落果。果实膨大期遇天气潮湿会产生薄膜状病斑。

图3-68 疮痂病

②防治方法：结合冬季清园，剪除病枝病叶，同时喷施0.8%等量式波尔多液或波美0.8°~1°石硫合剂，或松碱合剂8~10倍液等药剂。在芽长2毫米左右时，喷施保护性药剂0.5%~0.8%等量式波尔多液，或80%代森锰锌可湿性粉剂600倍液，或46%氢氧化铜水分散粒剂800~1 000倍液等。花谢2/3时与春芽期用药轮换，喷施保护性药剂80%代森锰锌可湿性粉剂600倍液，或70%丙森锌（安泰生）可湿性粉剂600倍液，或46%氢氧化铜水分散粒剂800~1 000倍液。于上次用药后2~3周，喷施治疗性药剂65%吡唑·嘧菌酯水分散粒剂750倍液，或10%苯醚甲环唑水分散粒剂2 000倍液等，及保护性药剂80%代森锰锌可湿性粉剂600倍液。

适期避雨，有条件的橘园从开始谢花时起避雨3~4周，可有效控制发病；以有机肥为主，实行配方施肥；春夏季排除积水，改善果园环境；加强检疫，采用无病苗木建园。

（2）树脂病（图3-69）。由真菌引起，分布广，严重时常造成大批橘树的死亡。为害主干、枝条称流胶病，为害果实叫蒂腐病，在叶片、小枝及幼果上发病叫黑点病或砂皮病。

①为害症状：流胶和干枯大多发生在枝干上。也有出现在主干及分叉处，组织松软，皮层呈褐色，并有褐色具臭味的胶液渗出；病健交界处有一条明显的隆起界线，木质部呈灰褐色。蒂腐多发生在贮藏期。果蒂部呈褐色的水渍状病斑，后及脐部呈波纹状，果肉腐烂比果皮快。病菌侵害新梢、嫩叶和幼果时产生黑点或砂皮症状，呈黄褐色或黑褐色的硬质小点，散生或密生，似砂粒黏附。

②防治方法：冬季或早春剪除病枝枯枝，并带出园外集中烧毁，并可喷施0.8%等量式波尔多液，或波美0.8°~1°石硫合剂，或松碱合剂8~10倍液进行清园。若枝干发病则于春季彻底刮除枝干上的病组织，用酒精消毒后，再涂抹50%甲基硫菌灵可湿性粉剂100倍液、乙蒜素、硫酸铜100倍液等药剂。春梢萌发期喷施0.8%等量式波尔多液，或80%代森锰锌可湿性粉剂600倍液等药剂。在谢花2/3时可喷施80%代森锰锌可湿性粉剂600倍液，添加99%矿物油250倍液防效更好。每隔14~20天喷药1次，直至果实膨大期结束。

图3-69　树脂病

营造防护林，做好防冻、防旱和防涝工作，保持树体强健；对栽培较稀疏的果园，在盛夏前将主干涂白，以防日灼；对树势较差的果园，采果前淋施腐殖酸水溶肥，稳定树势，采果后施用有机肥和水肥，恢复树势。

（3）炭疽病（图3-70）。由真菌引起，发生普遍，为害柑橘叶片、嫩梢和果实，花和果梗也能受害，引起落叶，枝梢枯死，果实腐烂。温州蜜柑、甜橙、柑及柠檬等品种上发病重；长势衰弱的橘园发病重。

图3-70　炭疽病（左：急性型，右：慢性型）

①为害症状：慢性型在叶尖、叶缘或伤口处产生淡黄褐色、近圆形、半圆形或不规则的病斑，后呈灰白色，周围有深褐色细边，病斑上生有轮纹并有黑色的分生孢子盘小点。遇雨溢出许多橘红色黏质小液点。急性型从叶尖、叶缘或沿主脉产生淡青色似开水烫伤状病斑，后迅速扩大呈水渍状，病斑上亦生有轮纹状排列或散生的黑色小点或橘红色黏质小液点。落叶性炭疽病多发生在温州蜜柑老叶上，病势扩展迅速，落叶严重。开花后的雌蕊上发生褐色病斑，引起落花。果梗部发病呈褐色干枯，果实脱落或失水干枯，或僵果挂于树上。

②防治方法：冬季或早春清园，剪除病枝和徒长枝，清除地面落叶，并集中烧毁，减少侵染源。修剪后在伤口处涂抹波尔多液，或喷施 10%苯醚甲环唑水分散粒剂 2 000 倍液，或 25%丙环唑乳油 1 000~1 500 倍液等药剂清理树体病菌。春梢期至果实转色期以预防为主，把病害控制在发病初期。可选药剂有 80%代森锰锌可湿性粉剂 800 倍液，或 12.5%腈菌唑可湿性粉剂 1 000 倍液，或 45%咪鲜胺乳油 1 500 倍液等，注意药剂的轮换使用。果实成熟期喷施 45%咪鲜胺乳油 1 500 倍液，采收后用 40%双胍辛烷苯基磺酸盐可湿性粉剂 1 000 倍液加 45%咪鲜胺乳油 1 000 倍液，或 40%双胍辛烷苯基磺酸盐可湿性粉剂 1 000 倍液加 50%抑霉唑水乳剂 1 000 倍液浸果。

注意防虫、防冻、防日灼，避免不恰当的环割等伤害树体；重视果园深翻改土，增施有机肥，实行配方施肥，改良土壤，增强树势；及时灌溉保湿、排除积水，保证树体健康生长；果园种植绿肥或生草栽培，改善园区生态环境。

（4）黄龙病（图 3-71）。由嫁接或柑橘木虱传播，导致大批橘树毁灭。

①为害症状：夏、秋新梢表现叶片黄化，斑驳，节间短，枝丛生，落叶，开花早，落花多，果小，畸形，成熟时果实脐部仍为绿色，呈“红鼻果”。

②防治方法：杜绝病苗、病穗和柑橘木虱传入无病区和新种植区。坚持每次新梢转绿后全面检查橘园，发现病树后先喷施速效杀虫剂防治柑橘木虱，以免挖树时柑橘木虱迁飞扩散传播黄龙病。之后及时挖除病树销毁，不留残桩。加强栽培管理，保持树势健壮，提高耐病能力。切忌在果园附近种植九里香、黄皮等树木。冬季采果后喷药

图3-71　黄龙病（左：红鼻果，右：叶片斑驳）

清园，消灭柑橘木虱成虫，对于感染柑橘黄龙病的病树，应先喷药再挖除。可喷施20%吡虫啉可湿性粉剂2 000~3 000倍液，或10%烟碱500~800倍液，或3%啶虫脒可湿性粉剂1 000~2 000倍液等。在新芽初露期即开始喷药，间隔10天左右复喷，可喷施20%吡虫啉可湿性粉剂2 000~3 000倍液，或50%氟啶虫胺腈水分散粒剂4 000~5 000倍液，或拟除虫菊酯类农药2 000~4 000倍液等。

同一果园内种植的柑橘品种尽量一致，便于落实统一的管理措施；加强肥水管理，使橘树长势旺盛，新梢抽发整齐，利于同一时间喷药。

（5）灰霉病（图3-72）。主要为害花瓣，也可为害嫩叶、幼果及枝条，引起花腐、枝枯，降低坐果率，并能导致果实在贮藏期腐烂。

图3-72　灰霉病

①为害症状：开花期间如遇阴雨天气，受感染的花瓣先出现水渍状小圆点，随后迅速扩大为黄褐色的病斑，引起花瓣腐烂，并长出灰黄色霉层。如遇干燥天气，则变为淡褐色干枯状。当发病的花瓣与嫩叶、幼果或有伤口的小枝接触时，则可使其发病。嫩叶上的病斑在潮湿天气时，呈水渍状软腐，干燥时病斑呈淡黄褐色，半透明。果上病斑常呈木栓化，或稍隆起，形状不规则，受害幼果易脱

落。小枝受害后常枯萎。

②防治方法：冬季清园，结合修剪，剪除病枝病叶并烧毁，可喷施0.8%等量式波尔多液，或波美0.8°~1°石硫合剂，或松碱合剂8~10倍液进行清园。开花前喷药1~2次预防，可喷施500克/升异菌脲悬浮剂1 000~1 500倍液，或80%代森锰锌可湿性粉剂600倍液，或40%嘧霉胺悬浮剂1 000~1 500倍液等。花期发病，在早晨趁露水未干时及时摘除病花。在花谢2/3时，如遇连续阴雨天气，需及时进行摇花，避免花瓣在幼果上堆积。

2. 主要虫害防治

（1）红蜘蛛。又叫橘全爪螨（图3-73）、瘤皮红蜘蛛，发生普遍。

图3-73　橘全爪螨

①为害症状：以口针刺破叶片、嫩枝、果实表皮吸取汁液。叶上呈灰白色小点，严重时呈灰白色、落叶，影响树势、产量。年均温在15℃时，年发生12~15代。以卵和成螨在叶背凹陷和枝条裂缝处越冬，发生高峰为3—5月和9—10月。温度超过35℃时，不利其生存。该螨有喜光和趋嫩习性，从老叶转移到嫩叶、果实上为害。

②防治方法：防治指标为：早春（2月下旬至3月中旬）1~2头/叶；3月下旬至花前3~4头/叶；花后至9月5~6头/叶（7—8月一般不治）；10—11月2头/叶。在12月上旬前进行冬季清园，在翌年2月下旬进行春季清园。剪除带螨卷叶并烧毁处理，可喷施波美0.8°~1°石硫合剂，或松碱合剂8~10倍液，或20%灭蚧乳油40~50倍液，或99%机油乳剂60~100倍液，或73%炔螨特乳油1 500~2 000倍液等，减少越冬虫源基数。越冬虫卵孵化盛期，

但未为害新梢叶片时进行喷药防治，主要喷施24%螺螨酯悬浮剂4 000~5 000倍液，或110克/升乙螨唑悬浮剂4 000~5 000倍液，或30%乙唑螨腈（宝卓）悬浮剂3 000~4 000倍液等杀卵为主的药剂，针对早春低温可添加1.8%阿维菌素乳油2 000~3 000倍液，或99%机油乳剂200~300倍液等速效性药剂。第一次生理落果期可选用速效性药剂1.8%阿维菌素乳油2 000~3 000倍液，或20%丁氟螨酯悬浮剂2 000倍液，及杀卵药剂24%螺螨酯悬浮剂4 000~5 000倍液，或110克/升乙螨唑悬浮剂4 000~5 000倍液等。夏梢萌发期和秋梢出芽前可选择1.8%阿维菌素乳油2 000~3 000倍液，99%机油乳剂200~300倍液，24%螺螨酯悬浮剂4 000~5 000倍液等药剂喷雾防治，注意与之前轮换用药。

加强栽培管理，增强树势；合理用药，实施保健栽培；果园实行生草栽培或间种豆科类绿肥，保护园内藿香蓟类杂草，改善园内小气候，保护和利用食螨瓢虫、捕食螨、食螨蓟马、草蛉等天敌。

（2）锈壁虱（图3-74）。又叫橘锈螨、锈蜘蛛等，发生普遍。

①为害症状：成螨和若螨群集在叶片、果实及嫩枝上，以针状口器刺吸汁液，果实表面被害呈黑色或栓皮色，叶片被害成锈叶。为害严重时，引起大量落叶，果小、味酸、皮厚。

②防治方法：12月上旬前进行冬季清园，在翌年2月下旬进行春季清园。在春梢萌芽前喷施石硫合剂、松碱合剂、机油乳剂、炔螨特等药剂。春梢期当在10倍放大镜下观察虫数为1~2头/视野，或当年春梢叶背初现被害状时，喷药防治。可选用25%三唑锡可湿性粉剂1 500~2 000倍液，或1.8%阿维菌素乳油2 000倍液，或80%代森锰锌可湿性粉剂600倍液等。7—11月在10

图3-74　锈壁虱

倍放大镜下观察叶片或果实上虫数为3头/视野时进行喷药防治，可选用药剂同春梢期，注意轮换使用。6月份以后忌用铜制剂。

保护和利用汤普森多毛菌、食螨瓢虫、捕食螨、食螨蓟马和草蛉等天敌。

（3）介壳虫。有褐圆蚧、红蜡蚧、吹绵蚧等多种害虫，分布广泛（图3-75）。

①为害症状：褐圆蚧寄生在荫蔽的枝叶上，为害枝干、叶片和果实，造成枝枯叶落，果面产生绿色斑点，严重影响树势、产量和品质。红蜡蚧重者使枝叶干枯，果实延迟成熟，树势降低，产量和品质下降。吹绵蚧以若虫和雌成虫刺吸枝、叶和果实的汁液，引起枝叶枯死，树势衰退，产量和品质下降。

图3-75　介壳虫
（上：褐圆蚧，中：红蜡蚧，下：吹绵蚧）

②防治方法：冬季清园，剪除有虫、卵的枝梢，清除园内落叶、枯枝、杂草，可喷施石硫合剂、矿物油等药剂，消灭越冬虫源。防治适期：春梢萌芽前（2月中旬至3月上旬）；第1代若虫盛末期（5月中旬至6月中旬）；第2代若虫盛发期（7月中旬至8月下旬）；第3代若虫盛发期（8月中旬至9月下旬）。药剂防治：抓第1代，6月上中旬，95%机油乳剂250倍液，或22.4%螺虫乙酯悬浮剂4 000倍液，或50%氟啶虫胺腈水分散粒剂3 000倍液，发生严重的园块隔15~20天再交替喷药1次；若防治效果仍不理想，则

在7—9月，用25%噻嗪酮悬浮剂1 000倍液，或40.7%毒死蜱乳油1 500倍液再防治1~2次。

合理修剪，剪除虫枝；加强栽培管理，恢复和增强树势；保护和利用天敌。

（4）粉虱。主要以若虫和成虫刺吸寄主植物汁液为害（图3-76）。

①为害症状：成虫、若虫均能刺吸汁液；成虫、若虫分泌蜜露及蜡质物污染叶片和果实，诱发煤烟病的发生，使光合作用受阻，导致叶片萎缩、枯萎和提前落叶，同时使品质下降。粉虱是病毒病的重要传毒介体。

图3-76　粉虱及黑刺粉虱

②防治方法：5月中下旬，第1代若虫盛发期，即为越冬代成虫初见日后40~45天，喷药防治，可选用药剂有10%吡虫啉可湿性粉剂2 000倍液、25%噻嗪酮悬浮剂1 000倍液或3%啶虫脒可湿性粉剂1 000倍液等。7月下旬至8月下旬，第2代若虫盛发期和8月下旬至9月，第3代若虫盛发期，喷药防治，所用药剂同上。

剪除生长衰弱及密集的虫害枝，使果园通风透光；及时中耕、施肥，增强树势，提高植株抗虫能力；保护和利用天敌，已经发现的天敌有刺粉虱黑蜂、黄盾恩蚜小蜂、瓢虫及草蛉等。

（5）蚜虫。有9种之多，以棉蚜、橘蚜、绣线菊蚜和橘二叉蚜为主，其次还有桃蚜等（图3-77）。

①为害症状：以幼、若蚜和成蚜群集在嫩芽、嫩梢、花和花蕾与幼果上吸食为害，使新叶卷缩、畸形，并分泌大量蜜露，诱发煤烟病，影响叶片光合作用。发生高峰期为春梢和秋梢的抽发期，最适温

图3-77 蚜虫

度为24~27℃，高温干旱时易发，条件不适或叶片老化时，大量发生有翅类型迁移。晚秋产生有性蚜，交配后产卵越冬。

②防治方法：冬、夏结合修剪，剪除被害及有虫、卵的枝梢，刮除大枝上越冬的虫、卵，消灭越冬虫卵。夏、秋梢抽发时，结合摘心和抹芽，去除零星新梢，切断其食物链，以减少虫源。晚秋梢和冬梢期剪除全部冬梢和晚秋梢，以消灭其越冬的虫口，压低过冬虫口基数。在新梢有蚜率达到25%左右时，进行药剂防治，防治药剂有10%或20%吡虫啉可湿性粉剂2 000~3 000倍液，或10%烟碱乳油500~800倍液或拟除虫菊酯类农药1 500~5 000倍液等。

橘园中悬挂黄色粘虫板；保护和利用瓢虫、草蛉、食蚜蝇、蜘蛛、寄生蜂和寄生菌等天敌。

（6）黑蚱蝉（图3-78）。

①为害症状：若虫在土壤中刺吸植株根部，成虫刺吸枝干，产卵造成枝梢枯死。

②防治方法：产卵的枝条在叶片枯萎未脱落时，或结合冬季修剪，剪除并集中烧毁，同时剪除附近树木上的产卵枝，减少虫源基

数。4月前橘园松土，翻出蛹室，消除若虫。5月中旬若虫出土羽化前，于被害柑橘树盘下喷施毒死蜱，或淋灌于树干半径1米内的土壤中，毒杀若虫。或可在树干包扎一圈8~10厘米宽的塑料薄膜，阻止老熟若虫上树蜕皮。在成虫盛期可喷洒20%氰戊菊酯乳油2 000~3 000倍液等菊酯类药剂杀灭成虫。或在夜晚利用成虫的趋光性来诱集捕捉成虫。

图3-78　黑蚱蝉

（7）潜叶蛾（图3-79）。又叫画图虫，发生广泛。

①为害症状：以幼虫潜食寄主夏、秋梢的嫩叶、嫩茎皮下组织，虫道弯曲，导致叶片卷曲、脱落，枝梢细弱，影响下年结果。并成为螨类等的越冬场所，还会引发溃疡病。

②防治方法：结合肥水控制，摘除零星早发秋梢，统一放梢，减少危害，同时便于集中用药防治。在新梢大量萌发，叶片长度不超过1厘米时开始喷第一次药，隔5~7天连喷2~3次。可选用1.8%阿维菌素乳油3 000~4 000倍液，或20%速灭杀丁乳油2 000倍液，或25%杀虫双水剂300~500倍液喷雾。

冬季或早春剪除有越冬幼虫或蛹的晚秋梢并烧毁。新梢大量抽发期，嫩叶0.5~1厘米时，进行喷药防治。9月以后的晚秋梢不必进行药剂防治，待冬季或早春剪除。可选药剂有1.8%阿维菌素乳油2 500倍液，或3%啶虫脒乳油1 500倍液，或拟除虫菊酯类农药

图3-79　潜叶蛾

2 000~6 000倍液等。

统一放梢，抹除夏梢和零星早秋梢，特别是中心虫株要人工摘夏梢和早秋梢。

（8）凤蝶。为害柑橘的凤蝶类害虫主要有柑橘凤蝶和玉带凤蝶2种（图3-80）。

图3-80　凤蝶（左：柑橘凤蝶，右：玉带凤蝶）

①为害症状：凤蝶以幼虫取食嫩叶，常将叶片吃成缺刻或孔洞，严重时整张叶片吃光而留叶柄。以幼树和苗木受害严重。山地橘园危害较重。

②防治方法：冬季结合清园，清除越冬虫蛹。在各次抽梢期，结合橘园和苗圃管理工作，捕杀卵、幼虫和蛹，或网捕成虫。根据实际发生情况并结合其他害虫的防治进行挑治，药剂有Bt制剂（300亿孢子/克）1 000倍液，或25%除虫脲可湿性粉剂1 500~2 000倍液，或10%氟氯氰菊酯乳油2 000~4 000倍液等。

保护和利用赤眼蜂和凤蝶金小蜂等天敌。

（9）夜蛾。为山地和近山区橘园主要害虫。以嘴壶夜蛾、鸟嘴壶夜蛾、枯叶夜蛾等居多（图3-81）。

①为害症状：嘴壶夜蛾幼虫全年可见，成虫为害期为8—11月，以9月为害严重。成虫白天栖息于草丛、树林等荫蔽处，黄昏后开始飞至果园内危害，以22:00前虫口最多。鸟嘴壶夜蛾成虫有趋光性，卵产于寄主木防己上，孵化后，幼虫取食木防己叶片。幼虫和蛹的死亡率很高。

②防治方法：5—6月，铲除柑橘园内及周围1千米范围内的木防

图3-81 嘴壶夜蛾、鸟嘴壶夜蛾、枯叶夜蛾

己和汉防己等寄主植物。在7月前后大量繁殖赤眼蜂，在柑橘园周围释放，寄生吸果夜蛾卵粒。早熟薄皮品种在8月中旬至9月上旬用纸袋包裹。喷施25%除虫脲可湿性粉剂1 500~2 000倍液，或25克/升高效氟氯氰菊酯乳油2 000倍液等拟除虫菊酯类农药，隔15~25天1次，采收前25天须停用。

合理规划果园，山区、半山区发展柑橘时应成片种植，并尽量避免混栽不同成熟期的品种或多种果树；可安装黑光灯、高压汞灯或频振式杀虫灯诱杀。

（10）天牛。有褐天牛、星天牛2种，发生普遍（图3-82）。

①为害症状：星天牛以幼虫蛀食主干及根部，导致皮层死亡，叶片枯黄脱落，树势衰退，重者植株死亡。褐天牛以幼虫从皮层侵入为害，以后蛀食木质部，有木质状虫粪排出。致使树势衰弱，老树尤烈。

图3-82 褐天牛、星天牛

②防治方法：采取一抓、二管、三敲、四钩并用的综合防控技术。6—8月成虫盛发期捕捉成虫，星天牛在晴天中午树干基部和树枝间捕杀。增强树势，保持树干光滑。剪除枯枝时，要剪平伤口，涂上保护剂。清除死树，减少虫源和成虫产卵。5月发现有虫粪排出时钩杀幼虫；6—8月刮杀主干和枝干上的卵块、初孵幼虫；8—10月钩杀幼虫。

（11）灰象虫（图3–83）。

①为害症状：每年3—5月为害柑橘，以成虫咬食嫩芽、新梢和嫩叶，也取食老叶。嫩、老叶被食成缺刻状，严重的全被吃光，大大影响柑橘首批花量。

图3–83　灰象虫

②防治方法：成虫出土高峰期，利用其假死性，震动树枝，下铺塑料薄膜承接后集中消灭。用桐油加火熬制成牛胶糊状，涂在树干基部，宽约10厘米，象甲上树时即被黏住。成虫出土期，每亩用15%毒死蜱颗粒剂5千克拌土撒施。成虫上树为害时用2.5%溴氰菊酯乳油或20%氰戊菊酯乳油3 000倍液，或40.7%毒死蜱乳油1 500倍液喷洒树冠。注意喷湿树冠下地面，杀死坠地的假死灰象虫。

（12）恶性叶甲（图3–84）。

①为害症状：成虫食嫩叶、嫩茎、花和幼果；幼虫食嫩芽、嫩叶和嫩梢，分泌物和粪便污染致幼叶枯焦脱落。除叶片外，成虫还将幼果咬成孔洞，轻者果实造成伤痕，重者引起幼果大量脱落，影响产量和品质。

图3–84　恶性叶甲为害状

②防治方法：用松碱合剂灭杀地衣和苔藓，清除枯枝、枯叶。在幼虫老熟开始化蛹时用带有泥土的稻根放置在树杈处，或

在树干上捆扎涂有泥土的稻草，诱集化蛹，在羽化前烧毁。在初孵幼虫盛期（第一代为主）喷药防治。药剂有40.7%毒死蜱乳油1 200倍液，或拟除虫菊酯类农药1 500~2 500倍液等。

（13）花蕾蛆。又叫瘿蝇、包花虫、灯笼花等（图3-85）。

①为害症状：以幼虫为害花蕾，影响结果。为害严重时花蕾的被害率可达30%~50%。阴湿低洼橘园、山地及砂土、壤土园地有利于该虫的发生。

②防治方法：结合冬季耕翻或春季浅耕橘园，压低翌年虫口基数；花期及时摘除被害花蕾，集中杀死幼虫或烧毁。花蕾露白时喷树冠和地面同时进行；花蕾中后期主要喷树冠。药剂选用40%毒死蜱乳油2 000倍液，或2.5%氟氯氰菊酯乳油3 000~5 000倍液，或20%氰戊菊酯乳油2 500~3 000倍液等。

图3-85 花蕾蛆为害状

（14）小实蝇（图3-86）。又名黄苍蝇或果蛆，是植物检疫对象。

①为害症状：主要以幼虫取食果瓤，形成蛆柑，造成腐烂，引起果实早期脱落。严重时，损失极大。

②防治方法：严防幼虫随果实或蛹随土壤传播，一旦发现，可用溴甲烷熏蒸。结合冬季翻耕，消灭虫蛹，压低翌年虫口基数。随时捡拾虫害落果，摘除树上的虫害果一并烧毁或沤浸。在90%敌百虫可溶性粉剂的1 000倍液中，加3%红糖制得毒饵喷洒树冠浓密荫蔽处，

图3-86 小实蝇

隔5天1次，连续3~4次。或将90%敌百虫可溶性粉剂与甲基丁香酚混合制成诱芯，设置诱捕器，在成虫发生期诱捕小实蝇雄虫。于实蝇幼虫入土化蛹或成虫羽化的始盛期每亩撒施3%毒死蜱颗粒剂3~4千克。在成虫羽化出土盛期至上果产卵时，将拟除虫菊酯类农药与3%红糖液混合后喷施树冠，每隔5~10天喷1次，连喷3~4次。通过在田间释放不育实蝇、寄生蜂等防治柑橘小实蝇。

七、贮藏运输

（一）贮藏保鲜

1. 预贮

采收后的果实，由于带有田间热造成呼吸作用比较旺盛，如采摘后立即入库，会使库温很快升高，同时造成湿度过大，影响贮藏效果。因此，在橘果经保鲜处理后，必须进行预贮。

（1）预贮的作用。

①降温除湿：预贮可以散发田间热，降低果实温度，减弱呼吸作用，同时可以蒸发部分水分。

②促进愈合伤口：经过预贮，采收中受伤的果实，小伤可以愈合，大伤可以表现出来，能及时剔去。

③软化果实：预贮后的果实，果皮水分减少，使得果皮软化而富有弹性，这样就可以减少贮藏过程中的碰撞伤。

④减少枯水：实践证明，经预贮后的果实，贮藏后期的枯水率大大减少，因此，预贮对易枯水的宽皮橘类尤为重要。

⑤促进着色：高温预贮使采后的果实继续进行与挂树时相同的着色过程，20℃的高温预贮能促进温州蜜柑玉米黄质色素的增加，15℃左右的高温预贮能明显促进杂柑类果皮的增红。

（2）预贮的种类。

①常温预贮：常温预贮是指将果实先置于常温预贮库中作短期贮藏，库房要求通风良好，干燥凉爽，打扫干净并经药物消毒。将贮果箱或果筐呈品字形堆码，一般堆2~3层。库房内相对湿度保持80%以下，库房温度要低于室外温度。如温湿度达不到要求，应采取人工强制性降温措施。

②高温预贮：高温预贮是指将果实在15~20℃的条件下进行贮藏，库房必须有加热装置，温度控制根据品种有所不同，温州蜜柑可用20℃，杂柑类可在15℃左右，堆码方式与常温预贮相同。在采收前已浮皮的果实不应进行高温预贮，否则会加剧浮皮。

（3）预贮度标准。

①手捏法：预贮几天后，用手轻捏果实，手感果实稍软且富有弹性时即可结束贮藏。

②失重检测：一般宽皮橘类失重4%~5%，甜橙类失重3%~4%时，便可结束预贮藏。

③预贮天数：宽皮橘类为5~7天，甜橙类为3~4天。

2. 贮藏方式

柑橘主要的贮藏方式有通风库贮藏、冷库贮藏、民间简易贮藏及留树贮藏，企业或合作社以通风库贮藏或冷库贮藏为主，橘农一般采用民间简易贮藏或留树贮藏。

（1）留树贮藏。所谓留树贮藏，指在柑橘将要成熟时，对橘树喷施植物生长调节剂如赤霉素等，使果梗基部不产生离层，能在树上保持较长时间不致脱落，达到留树保鲜，延期采收的目的。留树果实色泽变红，糖度增加，含酸量减退，风味变浓。留树贮藏的果实，品质虽有改善，但采后贮藏期不长，温州蜜柑留树贮藏，易发生浮皮现象。

（2）冷藏。贮藏的鲜果装入贮藏箱内，放在冷藏库内进行贮藏。冷库保持库温宽皮柑橘类为3~5℃，甜橙类为5~8℃，柚类为8~10℃，相对湿度宽皮橘类为85%±5%，甜橙类90%±5%，并能换气。贮藏量根据库房大小、堆垛方法而定。

（3）简易房贮藏。选用普通的民房经消毒后作为库房，根据不同的贮藏方式又可分为散堆法、砂藏法、松针法等等。常用的散堆法具体操作如下：橘果采收后马上进行防腐保鲜处理，预贮3~5天。先在地上铺设一层稻草或塑料薄膜，然后轻轻倒上一层橘果，20~30厘米高，不要超过40厘米，最后在上面再覆上一层塑料薄膜，定期翻动检查，拣出腐烂果也有助于驱散呼吸作用产生的热度。平时应注意关闭门、窗，避免室外风直吹造成失水过度。

（4）通风库贮藏。通风库主要利用昼夜温差与室内外温差，通过开关通风窗，靠自然通风换气的方法导入外界自然冷源，调节库内温度。

①建立库房：库房宜建在地势较高，交通方便，四周没有污染源的地方。在冬季气温较高的地方，库房以东西走向为宜，冬季气温低于 0℃的地区，库房以南北走向为佳。为了便于温湿度控制，每间库房不宜过大，以贮 10 吨橘子左右为宜。为了防止库房气温急剧变化，库墙应设置隔热层。同时，库房还应设置地下通风道、屋檐通风窗、墙脚通风窗及屋顶抽风道，在各通风口均应设置铁丝网，以防鼠类进入。

②贮藏管理：库房要门窗遮光，保持室内温度 5~20℃，以 5~10℃为最适宜，相对湿度 85%~90%，昼夜温差变化尽量要小。

贮藏初期，库房内易出现高温高湿，当外界气温低于库房内温度时，敞开所有通口，开动排风机械，加速库房内气体交换，降低库房内的温湿度。

当气温低于 4℃时，关闭门窗，加强室内防寒保暖，实行午间通风换气。

贮藏后期，当外界气温升至 20℃以上时，白天应紧闭通风口，实行早晚通风换气。

当库房内相对湿度降到 80%以下时，应加盖塑料薄膜保湿，同时可在地面洒水或盆中放水等方法，提高空气湿度。

定期检查果实腐烂情况，烂果要挑出处理，若腐烂不多，尽量不要翻动果实。

3. 主要病害及常用保鲜剂

（1）贮藏期主要病害。

果实贮藏期的病害可分为微生物病害和生理性病害两类。

①微生物型病害：微生物型病害有青霉病、绿霉病、黑腐病、黑色蒂腐病、褐色蒂腐病、褐腐病、酸腐病、干腐病、炭疽病等。

②生理型病害：生理型病害有褐斑病、枯水病、水肿病等。

柑橘贮藏期病害的种类，常因柑橘品种、贮藏条件、贮藏时期的变化而变化。一般情况下，宽皮柑橘以青霉病、绿霉病和黑腐病为主，甜橙类以青霉病、绿霉病为主，低温贮藏以生理病害为主，贮藏前期以青霉病、绿霉病为主，后期以黑腐病、蒂腐病和炭疽病为主。

（2）常用保鲜剂。柑橘保鲜剂是指通过浸果处理后，在橘果表面形成一层薄膜，从而调节橘果气体交换条件而改变其生理状况或调节橘果内源激素水平，降低橘果呼吸作用，延缓橘果衰老的一类制剂（表3-7）。

表3-7 部分常用柑橘保鲜剂（膜剂）简介

名 称	成分及用量
SG 柑橘保鲜剂	以蔗糖脂肪酸酯（SE-02）为主，配以糖和油脂的膜制剂，用水冲调均匀，配成50倍稀释液浸果
松竹牌水果保鲜剂	以有机高分子化合物为主要原料的成膜剂，原剂加5倍水浸果2～3钟
CF 柑橘保鲜剂	以松脂为主料的成膜剂，原液稀释10倍，洗果
森泊尔保鲜剂	以蔗糖脂肪酸酯为主料，使用浓度为2%
SM 液态膜	以生物天然高分子为主成分，使用20倍浓度洗果
京2B 系列膜	以高分子有机成膜化合物为主，使用15～30倍浓度清水稀释

（二）包装与运输

1. 包装

柑橘包装箱现大多被塑料周转箱或5~10千克的彩印瓦楞纸箱所代替，而部分精品柑橘则采用独立泡沫箱包装，不仅能够最大程度保护果实减少运输损伤，也较好的适应了当前新鲜水果特产的网络销售要求。

2. 运输

（1）对运输的要求。无公害柑橘果实的运输，应做到快装、快运、快卸。严禁日晒雨淋，装卸、搬运时要轻拿轻放，严禁乱丢乱掷。不论是果实装箱，还是果箱装车，载量均应适度，一般以八、九成满为宜。运输途中应尽量避免果实受大的震动而发生新伤。

运输工具必须清洁、干燥、无异味。运输时严防日晒、雨淋，不得与有毒物品混装。运输最适温度：甜橙类3~5℃，宽皮柑橘类5~8℃，柚类8~10℃。

（2）运输方式。分短途运输和长途运输。短途运输是指柑橘果园到包装场（厂）、库房、收购站或就地销售的运输。短途运输要求浅装轻运，轻拿轻放，避免擦、挤、压、碰而损伤果实。长途运输系指柑橘果品通过汽车、火车、轮船等运往销售市场或出口。冬季向寒冷的北方地区销售的橘果，应使用保温车运输，以免橘果冻伤。

（3）运输途中的管理。运输途中应根据各类柑橘对运输环境条件（温度、湿度等）的要求进行管理，以减少运输中柑橘果品的损失。当温度超过适宜温度时，可打开保温车的通风箱盖，或半开车门，以通风降温；当车厢外气温降到 0℃以下时，则堵塞通风口，有条件的还可加温。

八、产品加工

（一）橘瓣罐头

罐藏食品是通过在密闭空间形成无菌或商业无菌状态保存食品的一种方法，该类产品具有保质期长、食用方便、营养安全等特点。水果罐头是罐藏食品中重要的一类，其中柑橘罐头是水果罐头中最大宗的产品。

柑橘罐头加工企业以外销为主，主要出口欧美、日本等国，在改革开放初期为国家获取大量建设急需的外汇；随着经济的发展，企业在扩大内需方面也取得了很好的业绩，设计开发的什锦柑橘罐头、果汁柑橘罐头、软包装罐头等产品，适合国内市场需求，逐渐打开内销市场（图 3-87）。

图3-87　橘瓣罐头

（二）柑橘果汁及砂囊饮料

1. 柑橘果汁

（1）主要柑橘品种制汁物理性状。柑橘品种制汁的物理性状主要是指出汁率、果皮率与种子含量，表3-8为7个主要柑橘品种的制汁物理性状汇总。

表3-8　7个柑橘主要品种制汁物理性状

品种	果实重量（千克）	果皮重量（千克）	种子重量（千克）	果渣重量（千克）	果汁重量（千克）	果皮率（%）	出汁率（%）
早橘	15	2.7	0.23	5.0	7.1	18.0	47.3
宫川温州蜜柑	15	2.9	0	3.3	8.9	19.3	59.3
本地早	15	3.1	0.24	3.8	8.0	20.7	53.3
山田温州蜜柑	15	3.8	0	3.0	8.2	25.3	54.7
尾张温州蜜柑	15	3.6	3颗	2.7	8.7	24.0	58.0
槾橘	15	3.7	0.14	2.8	8.4	24.7	56.0
椪柑	15	3.8	0.22	3.9	7.0	25.3	48.0

（2）主要柑橘品种制汁化学性状。

①可溶性固形物含量与含酸量：汁用柑橘品种可溶性固形物含量大于10%，含酸量0.85%~1.0%，固酸比值以10~20为宜。糖、酸含量过高或过低在加工时均需进行相应调整。

②维生素C的含量：维生素C是柑橘果汁的特征性营养成分，但维生素C含量过高，则易使果汁褐变现象趋于严重。

③苦味指数：苦味指数分为：极苦，较苦，微苦，不苦四级。极苦与较苦的品种不适宜于果汁加工。表3-9为7个柑橘品种的制汁化学性状汇总。

表3-9　7个柑橘主要品种制汁化学性状

品种	可溶性固形物含量（%）	总酸（以柠檬酸计，%）	固酸比值	维生素C（毫克/100克）	苦味*
早橘	10.9	0.87	12.5	15.51	+
宫川温州蜜柑	11.5	0.72	16.0	34.78	0
本地早	12.8	0.77	16.6	28.19	0
山田温州蜜柑	12.9	0.71	18.1	37.84	0
尾张温州蜜柑	12.0	0.82	14.6	24.64	0
槾橘	11.3	1.02	11.1	31.32	+++
椪柑	13.5	1.15	11.7	24.64	+++

*极苦：+++；较苦：++；微苦：+；不苦：0

（3）柑橘果汁生产工艺。当今世界柑橘汁的主流产品是浓缩橙汁和新兴的非浓缩还原橙汁（NFC）两大类。浓缩型橙汁是大型橙汁加工企业的一种主要产品形式，这种类型的浓缩橙汁既能够让消费者加水稀释饮用，也可以供下游的饮料生产厂家通过稀释、调配以后制造橙汁类饮料。同时冷藏浓缩橙汁具有易于保存、利于贮运的优点。而非浓缩柑橘果汁是将果实中压榨出来的原汁通过排气、灭菌等前处理工序，然后再直接进行无菌包装的原果汁（图 3-88）。这种果汁具有风味物质和营养成分保留比较全面、销售和饮用非常方便、更加耐贮运等优点，但也有体积大、长途贮运成本高等不足之处。

图3-88　柑橘果汁

浓缩柑橘汁和非浓缩还原橙汁生产工艺流程如图 3-89和图 3-90所示。

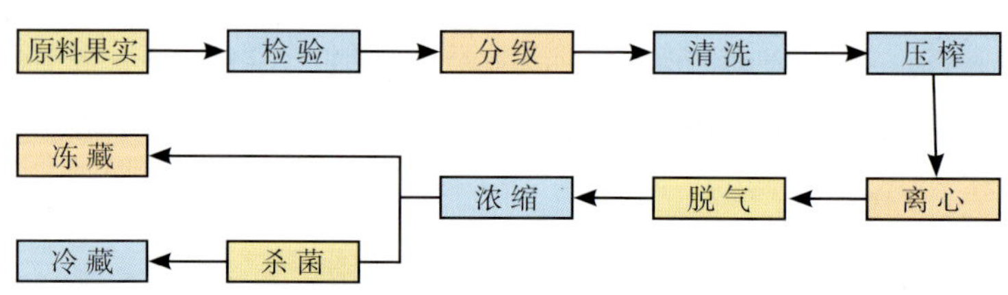

图3-89　浓缩柑橘汁工艺流程

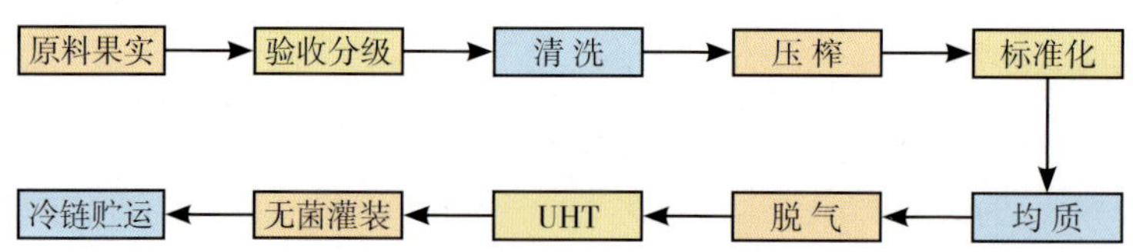

图3-90　非浓缩还原橙汁（NFC）工艺流程

2. 柑橘砂囊

柑橘砂囊饮料是含有柑橘砂囊的果汁饮料，按照砂囊在饮料中的状态，可分为悬浮型柑橘砂囊饮料和非悬浮型砂囊饮料。悬浮型柑橘砂囊饮料是指添加有悬浮胶体，砂囊均匀悬浮于汤汁的饮料。而非悬浮型饮料则无此特性。

（1）柑橘砂囊的原料选择。制作柑橘砂囊的原料，应符合以下四个标准：一是砂囊圆整，砂囊柄短，色素含量高，达到形状美观，色泽红润的要求。二是砂囊壁较厚，加工不易破碎；砂囊之间结合疏松，易分离。三是果味物质及橙皮苷含量少。四是口感柔软，纤维质少。

（2）砂囊半成品工艺流程。砂囊半成品工艺流程如见图3-91所示。

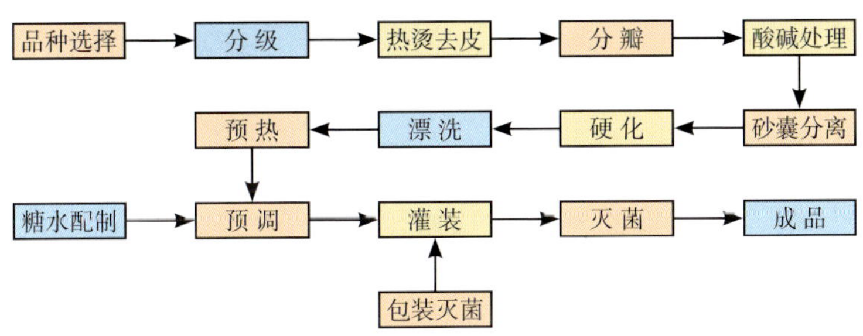

图3-91　柑橘砂囊半成品工艺流程

（3）悬浮型砂囊饮料的工艺流程。柑橘砂囊悬浮饮料成品生产工艺流程如图 3-92所示。

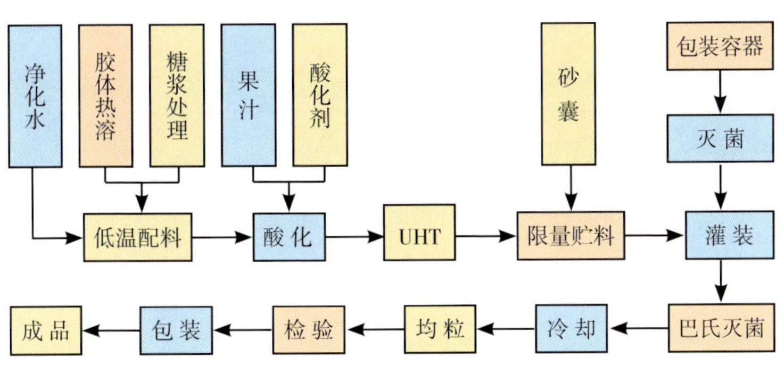

图3-92　果粒悬浮饮料加工工艺流程

（三）柑橘发酵产品

1. 柑橘果酒

柑橘类水果用来加工柑橘酒的方法也各不相同，按照生产工艺可以将柑橘酒分为发酵酒、蒸馏酒及配制酒（露酒）三大类。通常柑橘果酒主要是指以新鲜的柑橘果实或果汁为原料进行全部或部分发酵酿制而成的、含有一定酒精度的发酵酒（图 3-93）。

图3-93　柑橘果酒

（1）柑橘果酒生产工艺。柑橘果酒（发酵酒）的生产工艺流程如图 3-94 所示。

（2）柑橘果酒醋酸菌病害的防治。首先必须选择健康的、未被病毒感染的柑橘原料。酿造设备须洁净、卫生。

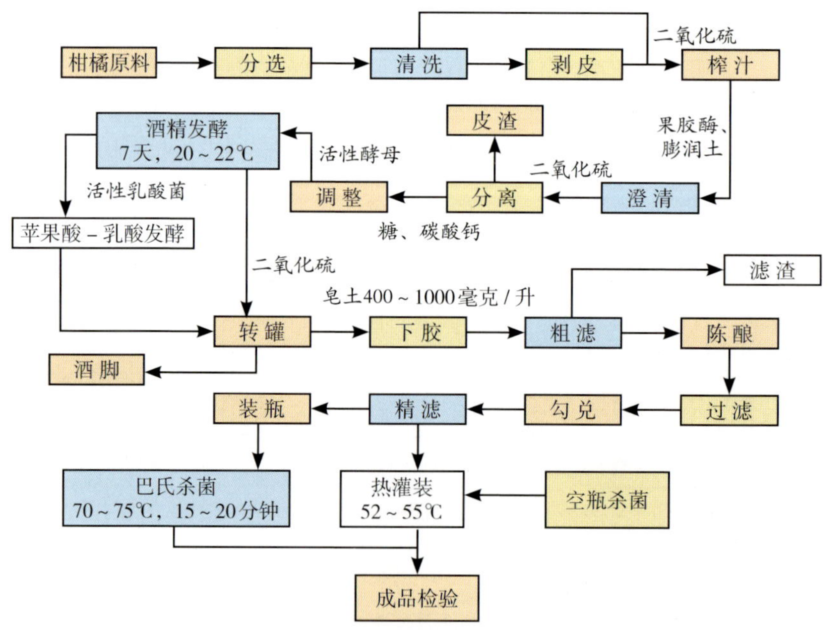

图3-94　柑橘果酒生产工艺流程

严格控制发酵温度，最高不超过 30℃。贮藏温度 10~20℃。陈酿期间应做到满桶贮存，按时添满不得留有空隙，密封容器口。柑橘果酒酿造过程中添加适量的 SO_2 来抑制或杀死醋酸菌。

当发现醋酸菌感染时，唯一的治疗方法是采取加热杀菌，加热温度为 68~72℃，保持 15 分钟。杀过菌后立即放入已杀过菌的贮酒罐中，并调整 SO_2 为 80~100 毫克 / 升贮存。如果没有杀菌设备，可以采取加醇提高酒度达到 18%（体积比）以上。

2. 柑橘果醋

柑橘果醋是以新鲜的柑橘果实为主要原料，取汁后经酒精发酵和醋酸发酵，再通过陈酿及调配而成。根据消费者的食用习惯，通常将柑橘果醋分为调味型和即饮型两大类。其中代替食醋用于烹饪和调味的柑橘果醋其酸度一般为 3%~5%，做到酸味突出，滋味浓厚，方能解腥去膻（图 3–95）。即饮型柑橘果醋属于发酵型果醋饮料，作为休闲饮品其调配后总酸通常在 1%左右，一般不宜超过 3%。柑橘果醋的生产工艺流程见图 3–96。

图3–95　柑橘果醋

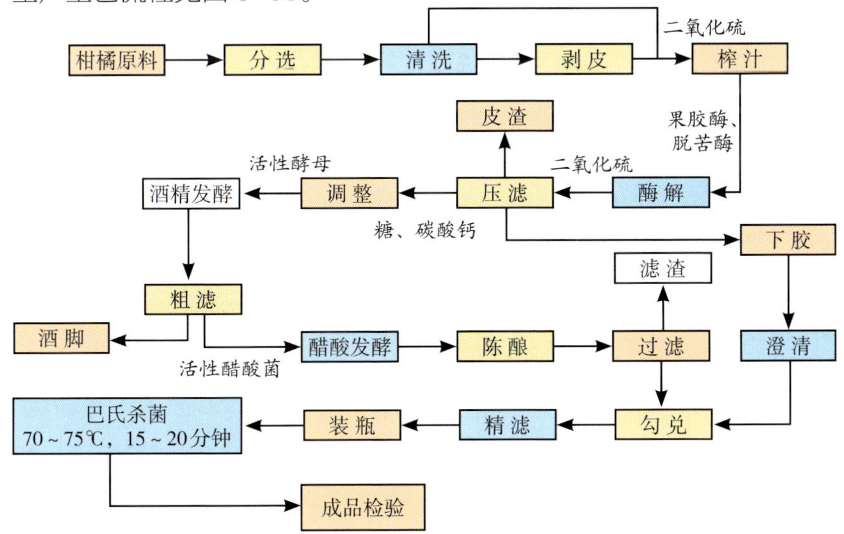

图3–96　柑橘果醋生产工艺流程图

九、废弃物资源化利用

（一）废弃物利用的意义

废弃物是整个柑橘生产、加工过程中被丢弃的各类有机物质，主要包括木质枝条、落叶、落果等。柑橘在生产中因整形修剪等原因会产生大量枝梢等废弃物。这些废弃物由于蓬松、紧实度低、收集比较困难、运输成本比较高和其他种种原因，目前处置大多比较粗放、综合利用水平不高，有的乱堆乱放，有的随意丢弃，甚至在田间地头随意露天焚烧，给柑橘果园田间作业带来不必要的麻烦，而且这些未进行无害化处理废弃物也会带来病虫害的危害，成为农业资源综合利用、农村环境治理的短板。

通过安全、洁净、全量处置柑橘废弃物，整洁了柑橘果园，推动了美丽乡村建设，也夯实了休闲观光农业发展的基础，柑橘果园将成为农村一道美丽的风景线。柑橘废弃物的处置与综合利用，融合了科技、政策、产业发展等多个方面，它是现代农业产业链的一个重要链节，是现代柑橘产业走向绿色、高效为标志的现代生态循环农业的重要支撑，是实现农业农村绿色发展、循环发展、低碳发展、可持续发展，着力推进生态宜居乡村建设的积极举措。

（二）主要利用途径

柑橘废弃物资源化利用的途径很多，主要有以下方法。

1. 食品添加剂和化工原料

柑橘果皮中含有大量的果胶、香精油、类胡萝卜素和黄酮类物质，种子中含有大量的类柠檬苦素类物质。提取后可作为重要的食品添加剂及化工原料，可广泛应用于食品、日化及医药行业。

2. 肥料

资料表明，柑橘枝条含碳、氮、磷、钾和微量元素等营养成分。将收集的柑橘废弃物经过破碎机械的粉碎，成为碎屑，直接还田，腐烂后可改良土壤效应，通气透水，还能改变土壤团粒结构，补充和平衡土壤养分，为柑橘生长提供营养。也可在一定温度、湿度和适宜

pH 值条件下，采用堆沤等形式，利用微生物作用产生生物化学降解，促使柑橘废弃物分解转化成为可供农作物生长发育所需的有机肥料或土壤改良剂。这种有机肥料或土壤改良剂生物，营养全面、肥效长、易于被作物吸收，尤其是制备方法简便易行，既可采用好氧堆肥方式，也可采取厌氧堆肥方式，田头地角有适当场地的均可就地实施，是农业生产中重要的有机质来源。

3. 能源

柑橘废弃物能源化利用主要是利用厌氧发酵技术，使柑橘废弃物降解产生以 CH_4（甲烷）为主要成分的沼气，作为一种高品位的可再生清洁能源，通过管道输送到农户家里作为生活用能。同时厌氧发酵后的沼液、沼渣等液相、固相产物还可作为肥料，用于改良土壤，提高作物产量和品质。

4. 食用菌基料

柑橘废弃物可作为优良基料，搭配猪牛粪、麦麸、豆饼或米糠等氮源物质栽培木腐菌类食用菌。食用菌富含人体所需的蛋白质、维生素和矿物质元素，有“保健食品”美称，近年来得到迅速发展。基料化利用是指柑橘废弃物经过粉碎、发酵、腐熟等处理工序后，用作平菇等食用菌栽培基质的原料，而食用菌采收结束后，栽培基质又可经高温堆肥处理后还田，实现多级循环利用，形成“废弃物－食用菌－基料资源化利用”的产业循环链。

此外，柑橘废弃物资源化利用适用于工业企业和大型果园的还有有机肥生产、热化学转化和将废弃物经适当处理后作为工业生产的原料等途径。其重点利用技术有有机肥料生产技术、固化成型燃料技术、直燃发电技术、热解气化技术、炭化技术、原料化利用技术等。

Orange
桔子
CANNED
罐头

第四章　食用方法

柑橘食用方法除鲜食外，家庭食用还可以榨柑橘汁、泡橘皮茶、酿柑橘酒、制橘丁，还可制作橘酱、橘皮菜肴、橘皮粥等。

一、鲜食

选购柑橘时，首先看橘子的表面，选择表面光滑有光泽的橘子，吃起来的口感较好，果肉也很有质感。其次摸一摸橘子的硬度，选择软硬适中有弹性的，这样的橘子会比较新鲜。

食用前最好用清水冲洗，清除表面农残，食用更加卫生。但柑橘虽然好吃，但要适量，食用过多，会造成类胡萝卜素在体内积累过多，造成皮肤发黄。

二、榨汁

将准备好的柑橘剥去皮，放入榨汁机中榨汁食用，更加高雅方便，缺点是浪费了果渣中膳食纤维。

三、泡茶

把清洗干净的橘子皮切成丝、丁或块，晒干后保存起来。饮用时可以单独用开水冲泡，也可以和茶叶一起饮，不仅味道清香可口，而且有开胃、通气、提神的功效。鲜橘皮亦可用开水冲泡饮用。

四、酿酒

把洗净晒干的橘子皮切成小块，适量浸泡在白酒中，再按15%~20%的比例调入冰糖或白糖，大约20天之后就可以饮用。橘子酒有清肺化痰的功效。如果浸泡时间稍长，酒味更佳。每天饮30~50毫升，有清肺化痰的功效。

五、制丁

把新鲜的橘子皮，用清水洗干净，沥干后用刀切成小丁块，然后放在蜂蜜或白糖中浸腌20天，可做糖包、汤圆等甜食品的馅料，吃起来清爽香甜。

六、橘酱

橘皮做果酱，先将鲜橘皮用水洗净，放入锅中加水煮沸后数分钟，将水倒出，另加新水再煮沸数分钟，如此进行3~4次，直到橘皮水苦味不太重时为止。然后用手或布将橘皮挤干，用刀将橘皮剁成碎末，越碎越好，若能用绞肉机细绞一下更好。把剁碎的橘皮重新放入锅中，根据橘皮的多少加入适量的白糖，并加水少许，煮沸后用文火煎熬成稠糊状，如有条件再加入少量果胶或琼脂，冷却后即为橘皮酱。可以佐食面包、馒头等。

七、橘皮菜肴

陈皮鸭。陈皮洗净，切丝。将陈皮放在拆骨鸭上面，上笼蒸30分钟即成。可健脾开胃，适用于脾胃虚弱，食欲不振，营养不良，体虚消瘦等。

在做排骨汤时，放几块橘子皮，不仅汤味鲜美，而且有一股淡淡的橘子味，会使人吃起来没有油腻的感觉。

八、橘皮粥

在熬大米粥时，在粥烧滚前，放入几小块干净的橘子皮，等粥煮熟后，不仅芳香可口而且开胃，对胸腹胀满或咳嗽痰多的人，能够起到饮食治疗的作用。

第五章　典型实例

生产和经营柑橘的管理者利用学到的农业生产技术和经营管理经验，积极从事柑橘产业的开发，成为当地柑橘产业的龙头企业或带头人，辐射和带动了周边农户的柑橘种植，推动了柑橘产业的发展，促进了农业经济的增长。

一、浙江忘不了柑橘专业合作社

（一）生产基地

浙江忘不了柑橘专业合作社创建于2002年，位于临海市涌泉镇，是临海市较具规模的一家专业从事柑橘种植、初加工、销售、农民培训和电商服务为一体的农民合作经济组织，现有社员143户，固定资产2 140万元，联结社员基地8 100亩，其中核心示范基地面积1 100亩，是全国农民专业合作社示范社、全国绿色食品示范企业。

合作社生产基地位于灵江中下游，气候温暖湿润，日照充足，雨量充沛。年平均气温17.3℃，平均相对湿度80%。合作社在中国农业科学院柑橘研究所、浙江省柑橘研究所和当地农业技术部门的支持帮助下，建立浙江省、台州市、临海市三级柑橘区域科技创新服务中心，开展标准化栽植、全过程绿色防控、完熟采收、气象灾害智能预警、精准水肥一体管理、远程农田监控和果品机械轨道运输等现代农业新技术。其中柑橘智能温室栽培技术，模拟果树适宜的生长环境，通过气象采集站、智能控温仪、热水管网、散热器、滴灌、微喷等管

理设备设施，自动数字化地调控萌芽期、花蕾期、幼果期、膨大期等不同阶段所需的不同温度，精准控制果树所需的光照、水分、肥料，形成果树冬季开花、夏季结果的栽培模式，能利用手机实时对基地进行灾害智能预警防范、温湿度智能控制、精准肥水管理、远程农田监控，原本11月上市的柑橘可提前至7月上市，在柑橘空档期每个卖出10元价格，独树一帜。被列为国家“863”计划柑橘信息化精准管理示范基地、第七批全国农业标准化示范基地。

（二）产品介绍

合作社注册“忘不了”商标。栽培品种有大分、由良、宫川、红美人、春香柚等。生产的“忘不了”蜜橘，果面光滑、果形端庄，皮薄无籽、柔嫩多汁、入口无渣、甜过初恋，深受华东、华南、华北地区欢迎。销售产品须过“三关”：第一关，按成熟度、果面质量，分批分级，枝头挑选。第二关，按规格大小，选果机自动机械化细分选果。第三关，按糖酸度由近红外无损伤糖度仪精选。每销售1箱“忘不了”，都可凭产品二维码在浙江省农产品质量追溯系统查询。每年的11月下旬至12月上旬是口感巅峰时刻，果皮达到橙红，果实饱满，弹性十足，小个橘子带皮吃，更是风味满满，唇齿留香。产品获绿色食品认证。

《天天向上》节目中介绍“忘不了”蜜桔

"忘不了"商标被认定为驰名商标、浙江省著名商标、浙江名牌产品，先后荣获浙江省柑橘博览会金奖、中国国际森博会金奖、中国国际农交会金奖、全国百佳农产品品牌、全国标准化农产品品牌等荣誉称号，入选全国名特优新农产品目录。

（三）责任人简介

林东东，男，1990年8月生，浙江临海人，大学学历，现任浙江忘不了柑橘专业合作社理事长。2012年大学毕业后，一心做起柑橘互联网直营，发展起"公司 + 合作社 + 基地 + 农户"的产业化经营，在生产种植、产品营销、合作致富上不断开拓创新，勇于改变生产现状，引进现代农业管理新方法，促进农业增效、农民增收。是全国个体劳动者第五次会议代表、浙江省十四届共青团代表、台州市第五届政协委员、临海市第十四届政协常委，先后任台州市民建企业家协会副会长、台州市柑橘产业协会秘书长、台州市青年农业产业化促进会秘书长等职务，获浙江省农村青年致富带头人标兵、浙江最美90后、浙江省优秀共青团员、台州市市首届网络风云榜"十大网络创业人物"等荣誉。

联 系 人：林东东

联系电话：136 7665 4433

专家点评

浙江忘不了柑橘专业合作社，开展优新品种引入、水肥一体管理、全程绿色防控、完熟采收、气象灾害智能预警、远程农田监控和果品机械轨道运输等技术，建有省市三级柑橘区域科技创新服务中心，为全国农民专业合作社示范社、全国绿色食品示范企业。

二、台州市黄岩蔡家洋本地早专业合作社

（一）生产基地

台州市黄岩蔡家洋本地早专业合作社成立于2007年8月，社员173人，是一家专业从事本地早蜜橘的种植、技术培训、科技推广服务、果品销售及农业投入品供应服务于一体的股份制专业合作社。种植基地位于台州市黄岩区南城街道蔡家洋村，是黄岩贡橘园的所在地，也是都市农业休闲观光的好去处。

柑橘种植基地面积800多亩，品种为本地早。基地生产从标准化栽培技术应用入手，推广深施有机肥料、大枝修剪技术、病虫害绿色防控、开沟降低水位等关键技术，提高果实质量与安全。同时，还加强了农资投入品的供应服务，通过服务来指导社员的柑橘生产管理。2009年度合作社被评为度黄岩区优秀柑橘经营加工企业；黄岩名果产业发展工作先进集体；2010年被评为浙江省工商企业信用A

级“守合同重信用单位。2018年合作社实现销售黄岩蜜橘8 000多箱，产值480万元，利润160多万元。

（二）产品介绍

合作社于注册了“蔡家洋”牌商标。基地生产的本地早果实娇小可爱，平均果重50~70克，果皮光滑，油胞细腻，色泽橙黄迷人，果肉柔软多汁，酸甜适口、细嫩清香，化渣性好，风味极好，有“蜜橘公主”之美誉，深受消费者喜爱。2009年“蔡家洋”牌本地早蜜橘通过“绿色食品”认证。合作社选送的蔡家洋牌黄岩蜜橘2016年获浙江农博会金奖，2017年“蔡家洋”牌黄岩蜜橘被评选为“舌尖上浙江——2017年浙江农业博览会金奖产品鉴赏推介会”推荐食材，选送的“蔡家洋”牌本地早荣获2017年“浙江十佳柑橘”称号，2018年“蔡家洋”牌黄岩蜜橘在浙江农业博览会优质产品评选中荣获金奖产品。

（三）责任人简介

林锦荣，男，1965年7月生，台州黄岩人，现任台州市黄岩蔡家洋本地早专业合作社理事长、台州市柑橘产业协会理事、黄岩区农合联蜜橘产业分会会长。林锦荣分别于2010年、2014年、2017年被授予“黄岩区十佳新型农民”“黄岩区农技标兵”“台州市农技标兵”等称号。

联 系 人：林锦荣

联系电话：137 5766 0787

专家点评

台州市黄岩蔡家洋本地早专业合作社，专业从事黄岩蜜橘代表品种“本地早”生产、技术培训、销售及农资服务，重视施用有机肥、大枝修剪、病虫害绿色防控、开沟降低水位等高品质与安全生产技术，多次获得省农博会金奖，效益显著，带动了黄岩蜜橘产业的可持续发展。

三、台州市椒江蟹壳岩水果专业合作社

（一）生产基地

台州市椒江蟹壳岩水果专业合作社成立于2004年11月，是一家专业从事柑橘种植、销售、科技咨询及技术指导于一体的农业经济合作组织。种植基地位于章安街道闸头村黄岙山，基地种植面积230亩，主栽品种为宫川、大分等温州蜜柑，并引进红美人、甘平、明日见等杂柑类。基地拥有1 500平方米连栋钢架大棚设施，配备大型选果机、喷滴灌、太阳能杀虫灯等，基础设施较完善。基地全面推广标准化、设施化、品牌化柑橘生产技术，实施国家绿色食品生产标准，建立柑橘标准化生产体系，为全区柑橘产业发展起到了示范带动作用。

合作社先后荣获“省级示范性农民专业合作社”“浙江省森林食品基地”“台州市标准化示范基地”“椒江区科普示范基地”“第三届椒江区农民专业合作社联合会会员单位”“椒江区农函大实践基地”等称号，是浙江省现代农业生产发展资金水果产业提升项目实施基地之一，为浙江省种植业“五园”省级示范基地。

（二）产品介绍

合作社注册了“蟹壳岩”商标，所产宫川蜜橘色泽鲜艳，美味可口，质量上乘，可溶性固形物含量13%以上，为柑橘中的佳品。生产的柑橘获各类奖项10余项，如2011年获得椒江区农产品档次提升奖，2017年合作社选送的蟹壳岩牌“宫川”蜜橘获浙江省十佳柑橘，2016—2018年获椒江区农业产业提升奖等。连续数年参加浙江省农业博览会，打响了椒江区“蟹壳岩”柑橘品牌。合作社先后通过了无公害产品及国家绿色食品基地认定。

荣誉证书

台州市椒江蟹壳岩水果专业合作社：

你单位选送的蟹壳岩牌“宫川”荣获2017浙江省十佳柑橘称号。

特发此证。

浙江省农业厅

二〇一八年一月

（三）责任人简介

崔士满，男，1971年12月生，台州椒江人，现任蟹壳岩水果专业合作社理事长，为章安街道闸头村村主任，是浙江省水果产业协会和台州市柑橘产业协会会员。2013年4月通过职业技能鉴定，成为农产品经纪人。多次参加浙江省农科院及市县组织的柑橘栽培技术培训班，组织开展柑橘栽培、病虫害防治、肥水管理、整形修剪等的培训工作，负责完成蟹壳岩水果基地建设项目。

联 系 人：崔士满

联系电话：136 5676 7948

专家点评

台州市椒江蟹壳岩水果专业合作社，栽培宫川、大分温州蜜柑、红美人、甘平、明日见等杂柑类，通过完熟栽培、避雨设施技术，推广标准化、设施化、品牌化，多次获得省农博会金奖，为椒江区柑橘产业发展起到了典型示范带动作用。

四、象山县甬红果蔬有限公司

（一）生产基地

象山县甬红果蔬有限公司成立于2014年，公司种植基地坐落于象山县晓塘乡，生产环境条件优越，属亚热带海洋性季风气候区，气候温暖湿润，四季分明，冬无严寒，夏无酷暑，无霜期长。基地经营面积50亩，投产面积30亩，主栽品种为红美人、晴姬、春香、甘平、明日见等杂柑，全部采用高标准连栋大棚设施，种植模式有设施避雨完熟栽培、设施越冬完熟栽培、设施双膜浅加温促成栽培等，其中红美人设施越冬完熟栽培每亩产量3 000千克，每千克销售均价60元，每亩产值18万元，甘平双膜浅加温促成栽培每亩产量2 500千克，每千克销售均价100元，每亩产值25万元。基地2015—2017年30亩设施越冬栽培红美人，年均产量50吨，年均产值250万元，开创象山乃至全国发展红美人设施栽培先河，带动当地推广红美人设施越冬栽培1.5万亩，为橘农增收2亿元。基地先后被授予邓秀新院士团队专家工作站、国家现代农业柑橘产业技术体系华东综合试验站示范基地、浙江省农民田间学校、浙江省现代农业科技示范基地、宁波市百佳精品果园等称号。

（二）产品介绍

公司生产的红美人柑橘成熟期在每年11月下旬至翌年2月，单果重200~300克，果实短卵形到球形，果皮浓橙红色，较光滑，减酸早，糖度高，避雨栽培可溶性固形物含量13%以上，酸度0.8%左右，越冬栽培可溶性固形物可含量达到15%以上，酸度0.8%以下，果肉浓橙色，囊衣极薄，柔软多汁，入口即化，且有浓郁香气，风味极佳。公司注册有“甬红”商标，并已通过绿色食品认定，所选送的红美人柑橘产品先后荣获“浙江省农博会金奖”“浙江省红美人评比优质奖”“宁波市名优水果（柑橘）擂台赛擂主”等称号。

（三）责任人简介

顾品，男，1980年3月生，浙江象山人，高中学历，从事柑橘行业20年，2001年、2012年两次赴日本爱媛县进修柑橘栽培技术，现任象山甬红果蔬有限公司负责人、中国林业乡土专家、浙江省水果产业协会理事、宁波市林业乡土专家、象山县柑橘产业联盟副理事长。个人先进事迹先后登陆中央电视台7套《乡土》栏目，录入“浙江省百名新型职业农民风采”，被评为象山县“现代农业创新人才”和“最美橘农”。

联 系 人：顾 品

联系电话：138 5825 2710

专家点评

象山县甬红果蔬有限公司，积极引进红美人、晴姬、春香、甘平、明日见等杂柑新品种，率先采用大棚设施栽培，产品多次获奖，效益显著，有力地带动了我省红美人设施栽培的推广应用。

五、衢州市柯城区柴家柑橘专业合作社

（一）生产基地

衢州市柯城区柴家柑橘专业合作社成立于2004年，位于柯城区姜家山乡陈坊村，现有社员105名，下辖1个柑橘试验场和5个出口水果果园，面积4 258亩。基地主要种植无核椪柑、早熟椪柑、红美人、春香、大分特早熟温州蜜柑等柑橘品种，建立了大棚设施栽培椪柑试验示范基地19亩，无核椪柑试验生产基地5亩，早熟椪柑生产示范基地20亩，鸡尾葡萄柚生产基地25亩，红美人生产基地14亩，春香生产基地34亩。基地推广应用"三疏一改"（疏树、疏枝、疏果和改偏施化肥为增施有机肥）技术、病虫害绿色防控技术、滴灌和微喷灌等节水灌溉技术、橘园生草栽培和生物覆盖技术、反光地膜覆盖增糖技术、分批完熟采收技术等。2018年大棚设施栽培椪柑每千克销售价20元，每亩产值达5万元；鸡尾葡萄柚每千克销售价50

元，每亩产值可达10万元。基地同时联结柑橘种植户1 883户，面积14 000多亩；还有43个柑橘包装厂、26个柑橘营销联合体合作社，有加工包装厂房28 000平方米，年销售柑橘产品2万余吨。年吸收周边村5 000余名农村劳动力，发放劳务工资3 000余万元。基地被评为浙江省出口农产品示范基地和浙江省首批机器换人示范基地。

合作社先后被评为全国食品行业质量信誉消费满意AAA单位、全国柑橘出口优秀企业、浙江省进出口质量诚信企业、浙江省示范性农民专业合作社、全国农民专业合作社示范社、浙江省高成长科技型中小企业，建立了衢州市专家工作站，参与完成的“柑橘优质生产与贮藏物流关键技术研究与推广应用”成果获2017年浙江省科学技术奖一等奖，主持完成的“椪柑和胡柚果实低碳节能适温物流关键技术研究与示范”成果获2017年衢州市科学技术奖二等奖。基地通过中国良好农业规范GAP认证。

专家点评

衢州市柯城区柴家柑橘专业合作社，通过引进柑橘新品种，推广应用“三疏一改”（疏树、疏枝、疏果和改偏施化肥为增施有机肥）、病虫害绿色防控、节水灌溉、橘园生草和生物覆盖、反光地膜覆盖、完熟采收技术等，产品通过绿色食品认证，多次获得省农博会金奖，带动了衢州柑橘产业的技术进步。

（二）产品介绍

“柴家”牌柑橘实行良好农业规范和产品质量可追溯制度，按照绿色食品标准进行专业化、标准化、优质化生产，大棚设施栽培的完熟椪柑果皮橙黄色，肉质脆嫩，汁多化渣，糖度高、香气浓、风味佳，糖度达到12°以上，是椪柑中的上品。“柴家”椪柑2013年通过绿色食品认证，2015年获衢州市优质柑橘评比椪柑类第一名，2016年获浙江省名牌农产品称号，2017年获浙江农业博览会优质产品金奖和浙江省十佳柑橘称号。

（三）责任人简介

叶先明，男，1971年5月生，中共党员，浙江衢州人，大专学历，高级农艺师。1987年以来一直从事柑橘生产和经营。现任衢州市柑橘产业协会会长、衢州市柑橘产业转型发展科技攻关实施专家组成员、衢州市柯城区姜家山乡柴陈村党支部书记、浙江佳农果蔬股份有限公司董事长、衢州市柯城区柴家柑橘专业合作社理事长。2007年获浙江省新农村建设带头人“金牛奖”，2009年入选衢州市115人才第二层次（农村实用人才），2012年获浙江省优秀农民专业合作社理事长称号，2016—2018年连续三年获衢州市市长特别奖。获“果实采后热处理保鲜装置及方法”等发明专利1件、实用新型专利5件，是2017年浙江省科学技术进步奖一等奖的完成人之一。

联 系 人：应国良

联系电话：130 0468 0125

六、庆元县志东果业有限公司

（一）生产基地

庆元县志东果业有限公司成立于2003年，注册资金50万元。公司现有甜橘柚种植基地600亩，专业技术人员6人，其中中级以上职称3人。种植基地坐落在庆元县城西牛路洋村，三面环山，背靠巾子峰生态公园，森林覆盖率95%以上，空气新鲜，气候宜人，昼夜温差大，十分有利于果品养分积累。果园坡度平缓，土质肥沃。基地严格按绿色食品生产要求操作，根据丽水市环境监测中心对果园周围环境的水、土、气进行全面检测，达到绿色食品基地标准。

公司现有办公生产管理用房200平方米，仓库1 600平方米，果园机耕路路面硬化15 000平方米，滴灌水池500立方，滴灌面积400亩。果园入口门架5个，防护围栏3 000米，单轨5条共2 500米，园内木屋200平方米，全园设黄龙病治理示范点、采穗圃5亩。2018年基地150亩核心区采摘甜橘柚600吨，销售收入600万元，利润400万元，平均亩产4 000余千克，亩产值4万元。2018年度荣获种植业“五园创建”省级示范基地称号，并辐射带动了周边10 000多亩甜橘柚产业发展，使400余农户从中受益。

（二）产品介绍

基地生产的甜橘柚果实单果重约250克，果形大小适中，果色美感好，耐贮藏，果肉细嫩柔爽，果汁甘甜清香，具独特风味，口感特佳。公司注册的“志东”牌甜橘柚2003年通过中国绿色食品发展中心A级产品认证，2004年、2006年荣获“中国特色农业博览会金奖”，2011—2016年、2018年荣获“浙江省农业博览会金奖”。“志东”牌甜橘柚2015年评为具影响力的浙江农博会品牌农产品，2017年荣获“浙江省十佳柑橘称号”。

（三）责任人简介

朱志东，男，1960年5月生，浙江庆元人，中专学历，高级农艺师。1998年引进试种甜橘柚品种，在甜橘柚种植技术研究、品种提升、规模种植推广、市场开发、品牌打造等方面做了大量工作。参与了“无籽甜橘柚”新品种的培育；参与制定市级《丽水甜橘柚种植技术规程》（DB3311/T 28—2014），2018年评为丽水市“乡村振兴·丽水先行”百名年度贡献人物。

联 系 人：朱志东

联系电话：139 6707 2271

林木良种证

（审　定）

良种名称　无籽甜橘柚

树种　杂柑

学名　Citrus L. 'Sweet Spring'

良种编号　浙 S-SV-CL-001-2011

适宜推广生态区域

丽水海拔300m以下均可栽植。

编号：（2011）第1号　发证机关

2011年　月　日

专家点评

庆元县志东果业有限公司，率先引入甜橘柚栽培，在种植技术摸索、品种提升、市场开发等方面做了许多工作，多次获得省农博会金奖，辐射带动了庆元县近万亩甜橘柚产业的发展，示范带头效果显著。

七、庆元县外婆家水果专业合作社

（一）生产基地

庆元县外婆家水果专业合作社成立于2008年，注册资金102万元。合作社核心基地位于庆元县西北部竹口镇新窑村的“庆元县现代农业（水干果）示范园区”内，距庆元高速口1.5千米，交通便捷，地理位置优越，土壤深厚肥沃，拥有优质甜橘柚生产得天独厚的气候环境和土壤条件。

核心基地现有面积1 000多亩，其中甜橘柚面积596亩，年产甜橘柚果品约500吨，产值达800多万元。基地以自然农法生产优质生态甜橘柚；推广实施农产品标准化生产技术体系和产品质量可追溯制度，采用太阳能杀虫灯、黄板、果实套袋等物理防控措施；以人工和机械除草；施用有机肥改良土壤，培肥地力；分批采摘，分级包装，次果不入箱，保持自然原始风味。

甜橘柚体验馆

产品展示厅

基地配备有 1 261 平方米“甜橘柚体验馆”，1 610 平方米的生产经营用房，建成了集农业生产、农事体验、科普教育、休闲观光为一体的农业科技示范生产基地，有效带动了当地农村经济发展，为振兴乡村经济注入了新活力。

合作社 2014 年评为“全国农民专业合作社示范性”，2015 年评为丽水市果产业科技创新团队示范基地。

（二）产品介绍

合作社注册有“外婆村”商标，生产的甜橘柚果实品质优良，外观整齐，大小适中，口味佳，糖度高，甘甜清香，耐贮藏，有独立的销售门店，深受广大消费者的青睐；此外，开发甜橘柚蜂蜜茶；创作、录制“柚到外婆家歌曲”，把“外婆村”甜橘柚系列产品做得有声有色。

荣誉证书

庆元县外婆家水果专业合作社：

你单位外婆村牌甜橘柚在2016浙江农业博览会优质产品评选中荣获金奖。

特颁此证。

（有效期： 年）

“外婆村”甜橘柚 2011 年获丽水市柑橘二等奖，2012 年通过“绿色食品”认证，2014 年获“丽水市著名商标”，2016 年获浙江省农博会获“金奖”，2013—2015 年、2018 年获浙江省农博会“优质奖”。2016 年“外婆村”牌甜橘柚、蜂蜜甜橘柚茶认定为庆元县旅游地商品。

（三）责任人简介

杨宽英，女，1957年10月生，浙江庆元人，中共党员，现任庆元县外婆家水果专业合作社董事长。杨宽英专心于甜橘柚的科学管理，致力于甜橘柚优质安全生产，珍惜、维护“外婆村”甜橘柚品牌。2011年度获农业产业先进示范性户三等奖，2012年度获农业产业先进示范性户二等奖，2016年度获甜橘柚种植大户，2017年获庆元县村科技示范户。

联 系 人：杨宽英

联系电话：133 7588 3261

专家点评

庆元县外婆家水果专业合作社，以自然农法生产优质生态甜橘柚，并在甜橘柚的农旅结合方面为当地乡村振兴做了有益的探索，是“全国农民专业合作社示范性”。

八、常山县众柚胡柚专业合作社

（一）生产基地

常山县众柚胡柚专业合作社成立于2014年2月，位于常山县青石镇水南村，是集胡柚种植、加工、销售于一体的规范性专业合作社，拥有1 500平方米胡柚分级包装加工厂房，2018年产季加工销售胡柚2 000余吨。合作社胡柚种植基地位于球川镇馒头山村，面积120亩，基地主要种植胡柚脆红、01-7等新品系，实施胡柚优质生态标准化种植技术和产品质量可追溯制度，应用增施农家肥和有机肥改土技术，生草留草技术，柚园养鸡技术，以粘虫板、杀虫灯和生物农

药为主要内容的病虫害绿色防控技术，自然开心形整形修剪技术，以60∶1的叶果比的标准科学疏果技术，适时分批完熟采收技术等，平均每亩产量达3 150千克，优质果率达95%以上。基地被评为县级常山胡柚优质果园，被国家质量监督检验检疫总局认定为常山胡柚出口备案基地，入选绿色中国公益明星常山胡柚采摘基地。带动周边100多户柚农增收致富。合作社2016年被评为常山县优秀新兴创业主体，2017年被评为常山县开拓创新型创业主体。

（二）产品介绍

基地生产的胡柚果实果形端正，肉嫩汁多，甜酸适口，香气浓郁。通过无公害农产品认证，产品检测符合出境果园注册登记的质量安全要求，基地胡柚荣获 2018 年衢州市优质柑橘评比胡柚类第一名。

（三）责任人简介

王新，男，1983年10月生，衢州常山人，2002年开始外出自己创业，2014年回乡生产经营胡柚。现任常山县众柚胡柚专业合作社理事长、常山麦卡电子商务有限公司总经理、常山县电商协会副会长、衢州市青年企业家协会会员、衢州市柑橘产业协会理事。2015年成立常山县麦卡电子商务有限公司，开设“常山胡柚”天猫旗舰店，注册了“麦柚”“良柚家”“哇咔”等商标，线上线下齐发力，通过线上的淘宝、天猫、微店销售及传统的现货品牌箱销售，将胡柚精品果销售配送到全国各地。2018产季合作社旗下天猫店日均销售胡柚鲜果的营业额达8万元，年销售额超1 200万元。先后入选常山县“农信杯”优秀创业青年、县农村创业致富带头人、衢州市优秀农创客，最近被推选为衢州市返乡大学生创业联盟副会长。

联 系 人：王　芳

联系电话：151 6706 7165

专家点评

常山县众柚胡柚专业合作社，主要种植脆红、01—7等胡柚新品系，重视有机肥改土、生草、科学疏果、病虫害绿色防控、完熟采收等技术，带动了周边柚农的增产增收。

九、玉环市白云果蔬专业合作社

（一）生产基地

玉环市白云果蔬专业合作社位于玉环市清港镇，成立于2011年6月，主要开展玉环文旦等果蔬种植销售及农业观光旅游开发活动。种植基地位于玉环市漩门湾现代农业示范区，气候温和，四季分明，光照充足，交通便利，水、电、通信等配套设施完善。同时与浙江农林大学建立合作关系，拥有雄厚的技术力量及成熟的栽培管理技术。

合作社现有社员12人，固定资产350万元，建有文旦生产基地300亩，其中标准化生产核心基地100亩。合作社自成立以来，严格执行DB331021/T 1—2014《无公害玉环柚生产技术规范》，推行玉环文旦生产技术操作规程，配备农残检测仪器设备，种植栽培管理基本实现标准化、统一化和规范化，形成基础设施完善，集种植生产、采摘观光、试验示范为一体的综合生态园，并于2012年通过绿色食品认证，辐射带动周边500余亩文旦产业的发展，在玉环文旦产业发展中起到了示范作用。

合作社 2015 年被评为省级示范性合作社，2016 年获玉环市农业科技示范基地和优质农产品生产示范基地称号，2016年获台州市标准化推广示范基地称号，2018 年被评为省级科技示范基地，并于 2018 年成功申报浙江省种植业“五园”省级示范基地创建。

（二）产品介绍

合作社注册有“高柚”牌商标，以玉环文旦种植为主。基地所产文旦外形美观，可溶性固形物含量高，以品质优，清香自然，保健营养等特点见长，热销上海、杭州、南京等大中城市。为使果品质量得到严格把关，合作社建立了产品准出制度和追溯制度，根据产品的外观形状、可固测量等指标规范统一上市时间，产品附上农产品条形码，让消费者有据可查。

同时，合作社十分重视品牌宣传，通过参加农博会、森博会等推销品牌文旦，不断提升“高柚”牌玉环文旦知名度。“高柚”玉环文旦曾多次荣获国际森博会金奖、浙江省农博会金奖、中国绿色农博会金奖、全国食品博览会金奖，2017 年还获得“浙江省十佳柑橘”，是台州市名牌商标。

证 书

荣誉证书

荣誉证书

（三）责任人简介

高卫东，男，1968年12月生，浙江玉环人，大专文化，中共党员。从事玉环文旦产业发展十多年，通过参加浙江省农业领军人才创业培训、科普惠农项目带头人知识更新等专业学习，掌握过硬果树栽培管理技术，带领农户科学种植，帮助拓宽销售渠道、提供信息技术等服务，带动了一方致富。曾获省科学技术协会优秀学员，省第九批农村科技示范户，台州市“农技标兵”“台州师傅”“科创之星”，玉环市乡村振兴“绿领英才”等荣誉。现任玉环市白云果蔬专业合作社理事长，玉环市文旦产业技术协会副会长。

联 系 人：高卫东

联系电话：135 0686 9077

专家点评

玉环市白云果蔬专业合作社，是一家集种植生产、采摘观光、试验示范为一体的综合生态园，通过了绿色食品认证，注重品牌建设，辐射带动作用明显，在玉环文旦产业发展中起到了示范作用。多次荣获国际森博会金奖、浙江省农博会金奖、中国绿色农博会金奖。

十、苍南县马站苍魁四季柚专业合作社

（一）生产基地

苍南县马站苍魁四季柚专业合作社成立于2009年6月，位于国家级生态示范区——浙江省苍南县马站镇内，属南亚热带海洋季风气候，冬暖夏凉、四季分明、日照充足、雨量充沛，是浙江省唯一的农作物“南种北驯”的驯化基地，空气清新，水源清洁，土壤无任何污染。

基地栽培地方传统名果——四季柚120亩，通过几年的发展，已基本实现了规模化、标准化、设施化、精品化、品牌化、效益化的方向目标，打造出了高标准现代四季柚精品园；辐射带动了全镇1万亩四季柚产业的发展，起到了较好的示范作用。2018年合作社生产四季柚240吨，产值192万元，实现利润120万元，是温州市农业标准化推广示范基地、四季柚新品种研发选育基地、苍南县优秀农业科技示范户、苍南县规范化农民专业合作社。

（二）产品介绍

合作社注册有“苍魁”牌商标，推广农产品标准化生产，并取得无公害农产品证书。所产四季果皮光滑，橙黄色，果肉白色或淡红色，皮薄汁多，可食率达到60%以上，果肉清脆容易化渣、甜酸适度、成熟果实散发出芳香味，无核，

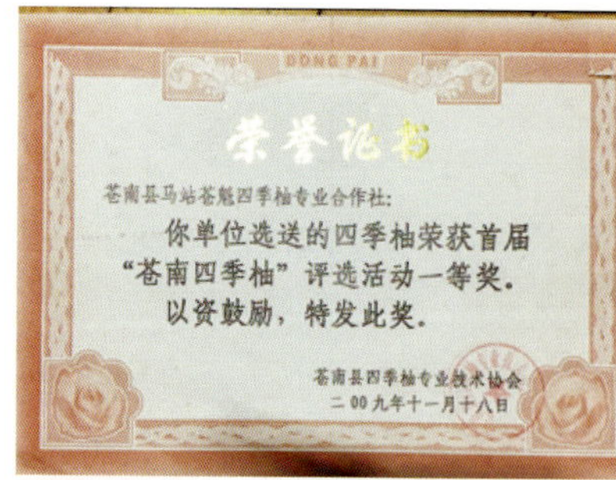

DONG PAI

荣誉证书

苍南县马站苍魁四季柚专业合作社：

你单位选送的四季柚荣获首届“苍南四季柚”评选活动一等奖。以资鼓励，特发此奖。

苍南县四季柚专业技术协会

二00九年十一月十八日

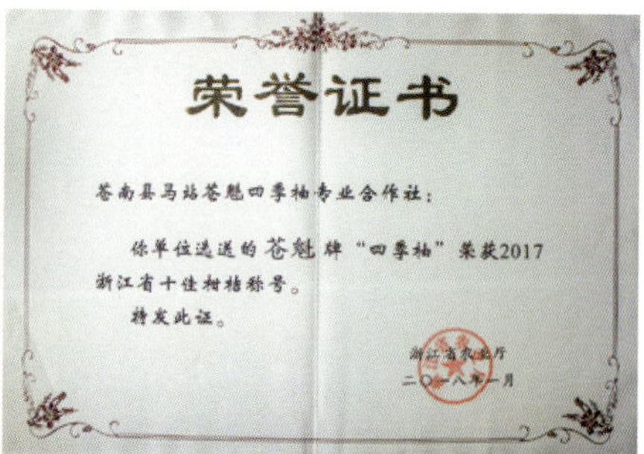

荣誉证书

苍南县马站苍魁四季柚专业合作社：

你单位选送的苍魁牌“四季柚”荣获2017浙江省十佳柑桔称号。

特发此证。

浙江省农业厅

二〇一八年一月

无内外裂果且耐贮藏运销。“苍魁”牌四季柚曾获得“首届苍南四季柚评优活动一等奖”和2017年“浙江省十大柑橘”。

（三）责任人简介

林建波，男，1968年8月生，浙江苍南人，高中学历，高级农民技师，20世纪80年代开始从事四季柚产业栽培和销售，多次参加省市县举办的水果栽培技术培训班，曾经获得全国农村青年星火带头人、省级青年星火带头人、温州市十佳农民技术人员、温州市第三届农民职业技能比赛“果树修剪”项目一等奖、第一届苍南县十大优秀青年、苍南县首届优秀乡土人才等荣誉，是苍南县第六届、七届、八届政协常委。现任苍南县四季柚专业技术协会理事长。

联 系 人：林建波
联系电话：137 8018 0258

专家点评

苍南县马站苍魁四季柚专业合作社，重视优质果栽培和设施化、精品化、品牌化的发展方向，“苍魁”牌四季柚获“浙江省十大柑橘”，辐射带动了当地四季柚产业的发展，示范带动作用明显。

十一、浙江台州一罐食品有限公司

(一)企业概况

浙江台州一罐食品有限公司位于台州市黄岩区江口街道德俭路58号，占地面积45 000多平方米，建筑面积为28 000多平方米，拥有三个现代化生产车间，150多人的专业生产、技术团队。

浙江台州一罐食品有限公司的前身是始建于1958年的黄岩罐头食品厂的第一车间，1993年独立为浙江黄岩罐头食品厂第一分厂，1997年改制成股份合作制的浙江黄岩第一罐头食品厂，2004年与韩国梅梨公司合资成立了浙江益美食品有限公司，2006年在江苏沛县投资成立徐州大丰食品有限公司，2012年再次改制成有限责任制企业——浙江台州一罐食品有限公司，2015年收购了公司在浙江益美的全部股份，浙江益美食品有公司成为一罐食品的全资子公司。公司现为中国罐头工业协会副理事长单位、浙江省罐头行业理事长单位、中国食品土畜进出口商会水果分会理事长单位，先后被评为“中国罐

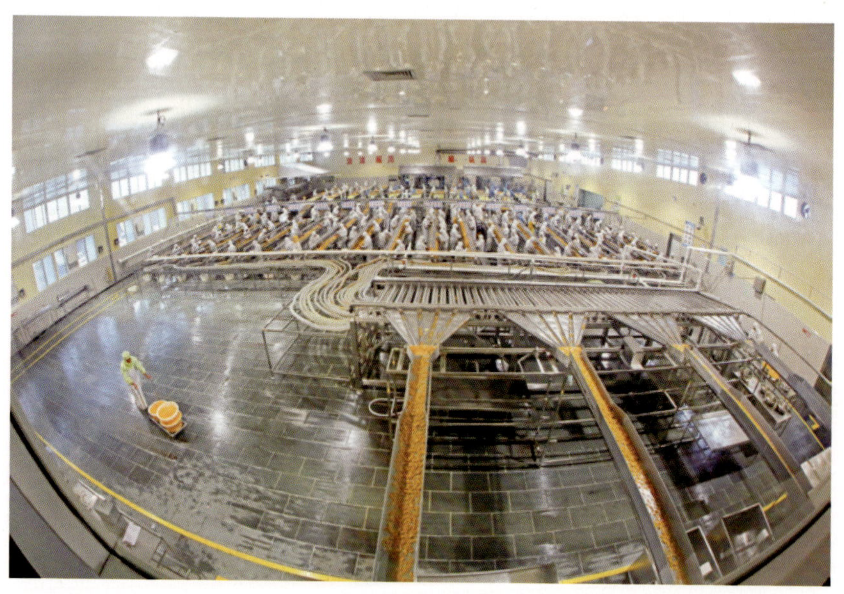

头出口十强企业”“全国农产品加工工业出口示范企业”“浙江省农业科技企业”“浙江省省级农业骨干龙头企业”。

(二)产品介绍

公司年生产能力5万多吨各类水果罐头，其中糖水橘子罐头和糖水枇杷罐头已经连续十多年产销量行业排名前列，目前是世界最大的柑橘罐头生产企业，产品以出口日本、美国和欧洲为主，内销并举，经过持续研发与创新，在国内外众多知名客户中享有很高的声誉。1997年开始推行ISO 9000质量管理体系，目前拥有完备的ISO 9000：2008国际质量管理体系和ISO 22000食品安全管理体系。连续多年通过KOSHER犹太认证、EFSIS认证、IFS认证和TESCO等机构的审核。公司也作为国家现代农业（柑橘）产业技术体系罐头加工岗位的技术研发依托基地，获得了浙江省“宽皮柑橘优质安全生产及加工关键技术研究与示范”科学技术奖和浙江省节水型企业。

（三）责任人简介

吴永进，男，1945年7月生，台州黄岩人，中专学历，中共党员。从事农产品罐头加工业逾50年，拥有丰富的果蔬罐头加工实践经验。现担任浙江台州一罐食品有限公司（浙江黄岩第一罐头食品厂）、浙江益美食品有限公司和徐州大丰食品有限公司董事长。吴永进和他的团队，决心以科学发展观眼光，全力打造健康、安全、时尚、环保、便捷的食品加工企业，强化品质管理，加快产业技术升级，建设成符合中国国情的罐头先进生产企业而大步迈进，努力成为行业的引领者。个人先后被评为“浙江省环保工作先进个人”“浙江省万名好党员”“台州市优秀党务工作者”。2016年被中国罐头工业协会授予“中国罐头终身成就奖”。

联 系 人：柯　波

联系电话：0576-8416 9889

专家点评

浙江台州一罐食品有限公司，是世界最大的柑橘罐头生产企业，年产各类水果罐头5万多吨，产销量行业排名连续多年名列前茅，重视研发技术进步和质量管理，产品质量上乘，出口日本、美国和欧洲。多次入选“中国罐头出口十强企业”等，为浙江省柑橘产业的可持续发展做出了积极贡献。

参考文献

侯振华. 2010. 柑橘栽培新技术[M]. 沈阳: 沈阳出版社.

李德良. 2014. 柑橘栽培[M]. 北京: 中国劳动社会保障出版社.

刘兰泉, 王东. 2012. 柑橘栽培及病虫害防治技术图解[M]. 北京: 中国农业出版社.

刘永忠, 徐建国, 谢合平, 等. 2019. 画说柑橘优质丰产关键技术[M]. 北京: 中国农业科学技术出版社.

宋远平. 2011. 优质柑橘栽培与保鲜的新技术[M]. 北京: 中国农业科学技术出版社.

徐建国. 2004. 柑橘[M]. 北京: 中国农业科学技术出版社.

徐建国, 石学根. 2018. 黄岩柑橘[M]. 北京: 中国农业出版社.

浙江省农业教育培训中心. 2014. 果茶桑园艺工培训教材[M]. 北京: 中国农业科学技术出版社.

后 记

《柑橘》经过筹划、编撰、审稿、定稿，终于出版了。

《柑橘》从筹划到出版历时近一年时间，在编撰过程中，得到了浙江省农学会相关专家的大力帮助和浙江省有关柑橘生产经营企业的大力支持，在此表示衷心的感谢！

因水平和经验有限，书中瑕疵之处敬请读者批评指正。